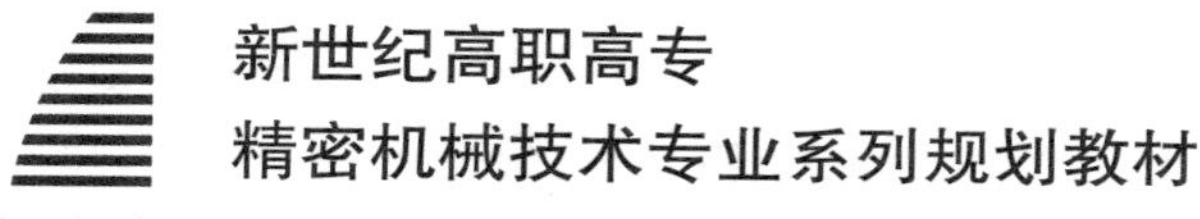

新世纪高职高专

精密机械技术专业系列规划教材

新世纪

常用机械无级传动技术

CHANGYONG JIXIE
WUJI CHUANDONG JISHU

主　编　刘振宇　徐宝森　陈建湘

副主编　孙丽丽　砂　砾　冯志清

　　　　战忠秋　杨建彪　李亚东

企业指导　邓学海　林宏勇

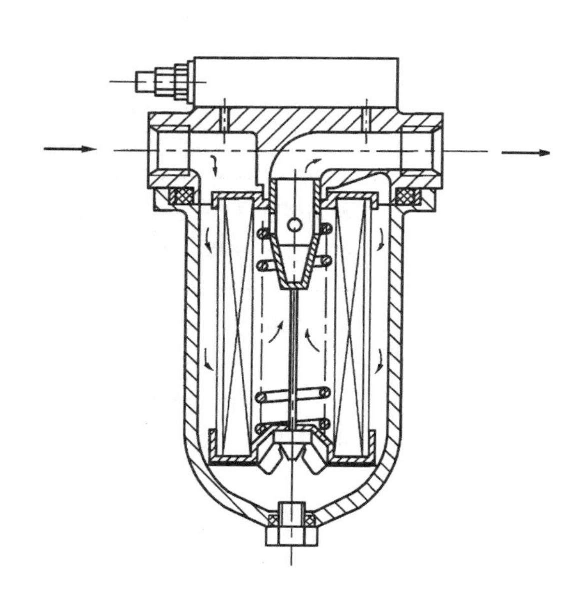

大连理工大学出版社

图书在版编目(CIP)数据

常用机械无级传动技术 / 刘振宇，徐宝森，陈建湘主编. — 大连 ：大连理工大学出版社，2015.4(2017.2 重印)
新世纪高职高专精密机械技术专业系列规划教材
ISBN 978-7-5611-9782-0

Ⅰ. ①常… Ⅱ. ①刘… ②徐… ③陈… Ⅲ. ①液压传动—高等职业教育—教材 Ⅳ. ①TH137

中国版本图书馆 CIP 数据核字(2015)第 045475 号

大连理工大学出版社出版
地址:大连市软件园路 80 号 邮政编码:116023
发行:0411-84708842 邮购:0411-84708943 传真:0411-84701466
E-mail:dutp@dutp.cn URL:http://www.dutp.cn
大连永盛印业有限公司印刷 大连理工大学出版社发行

幅面尺寸:185mm×260mm 印张:7.25 字数:176 千字
2015 年 4 月第 1 版 2017 年 2 月第 3 次印刷

责任编辑:唐 爽 责任校对:张恩成
封面设计:张 莹

ISBN 978-7-5611-9782-0 定 价:19.00 元

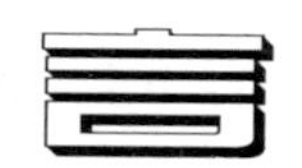

前言

伴随着科技的发展和我国改革开放的不断深入，我国经济建设的水平也迅速发展，职业教育也随之发展成为一种具有影响力的新的教学模式。本教材即为培养高职高专的技能型人才而编写。

本教材以液压传动技术为主线，阐述了液压与气动技术的基本原理和实际生活应用，着重培养学生分析、设计液压与气动基本回路的能力，安装、调试、使用、维护液压与气动系统的能力，以及诊断和排除液压与气动系统故障的能力。

本教材结合我国当前职业教育改革的实际情况，在广泛汇集职业教育院校的意见和建议的基础上，具体在编写过程中突出以下特点：

1.在教学方式上更贴近当前职业教育改革的实际情况，更贴近教育教学的培养目标，更注重技术应用能力的培养，突出实用技术应用的训练，同时，力求反映我国液压与气动技术发展的最新动态。

2.着重分析各类元件的工作原理、结构，有针对性地对典型设备的工作原理、调试和选用进行了详细的阐述。

3.在编写上，采用最新的项目式教学方法，方便老师的教学。采用工学结合的思想进行编写，安排“教、学、做”一体化训练，使学生能更加熟练地掌握所学的知识。

4.本教材中的液压与气动元件符合最新国家标准。

5.本教材在广泛借鉴国内外教材编写方法和编写思路的基础上，充分考虑国内学生的阅读习惯和思维方式，突出案例的讲解，力求通过案例提高学生运用所学知识解决实际问题的能力。

本书由天津现代职业技术学院刘振宇、徐宝森、陈建湘任主编，天津现代职业技术学院孙丽丽、砂砾、冯志清、战忠秋、杨建彪、李亚东任副主编。天津百利机电集团有限公司邓学海、南京颖元科技有限公司林宏勇也参与了编写，并给予了大力帮助，在此一并表示感谢！

尽管我们在教材特色的建设方面做出了许多努力，但是教材中仍可能存在不足之处，恳请大家将意见与建议反馈给我们，以便修订时完善。

编者

2015年3月

所有意见和建议请发往：dutpgz@163.com

欢迎访问教材服务网站：http://www.dutpbook.com

联系电话：0411-84707424 84706676

目 录

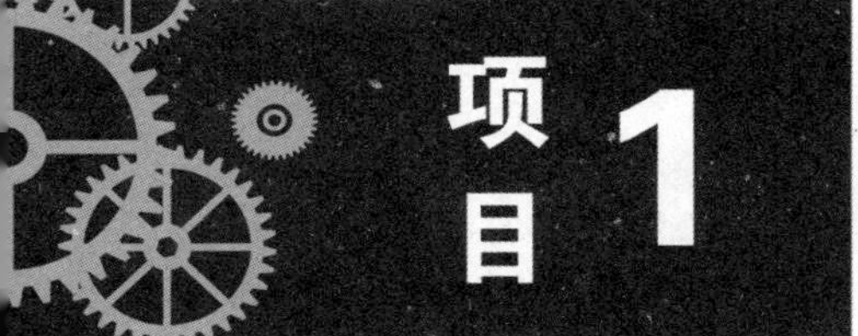

项目1 认识液压传动系统

项目引导

本项目主要介绍液压传动的定义及工作原理，液压传动系统的组成及图形符号，液压传动的发展概况及特点。液压传动系统包括五个组成部分。

相关知识

任务1　液压传动的定义及工作原理

一、液压传动的定义

一部完整的机器由原动机、工作机(含辅助装置)、传动机构及控制部分组成。原动机包括电动机、内燃机等。工作机即完成该机器工作任务的直接工作部分，如剪床的剪刀、车床的刀架等。由于原动机的功率和转速变化范围有限，为了适应工作机的工作力和工作速度的变化范围以及性能的要求，在原动机和工作机之间设置了传动机构，其作用是把原动机输出功率经过变换后传递给工作机。一切机械都有其相应的传动机构，借助它达到对动力传递和控制的目的。

传动机构通常分为机械传动、电气传动和流体传动机构。流体传动是以流体作为工作介质进行能量转换、传递和控制的传动，包括液压传动、液力传动和气压传动。

液压传动和液力传动均是以液体作为工作介质进行能量传递的传动方式。液压传动主要是利用液体的压力能来传递能量，而液力传动则主要是利用液体的动能来传递能量。

二、液压传动的工作原理

如图1-1所示为磨床工作台液压传动系统工作原理图。液压泵3在电动机(图中未画出)的带动下旋转，油液由油箱1经过滤器2被吸入液压泵3，由液压泵3输入的液压油通过节流阀5、换向阀6进入液压缸7的左腔(或右腔)，液压缸7的右腔(或左腔)中的油液则通过换向阀6后流回油箱1，工作台9随液压缸7中的活塞8实现向右(或左腔)移动，当换向阀6处于中位时，工作台9停止运动。工作台9实现往复运动时，其速度通过节流阀5调节。当节流阀 5 开大时，进入液压缸 7 的油量增多，工作台 9 的移动速度增大；当节流阀 5 关小时，进入液压缸 7 的油量减少，工作台 9 的移动速度减小。克服负载所需的工作压力则由溢流阀 4 控制。为了克服移动工作台时所受到的各种阻力，液压缸必然产生一个足够大的推力，这个推力是由液压缸中的油液压力所产生的。要克服的阻力越大，液压缸中的油液压力越高；反之压力就越低。这种现象说明了液压传动的一个基本原理——压力决定于负载。图 1-1 中(a)、(b)、(c)分别表示了换向阀处于三个工作位置时阀口 P、T、A、B 的接通情况。

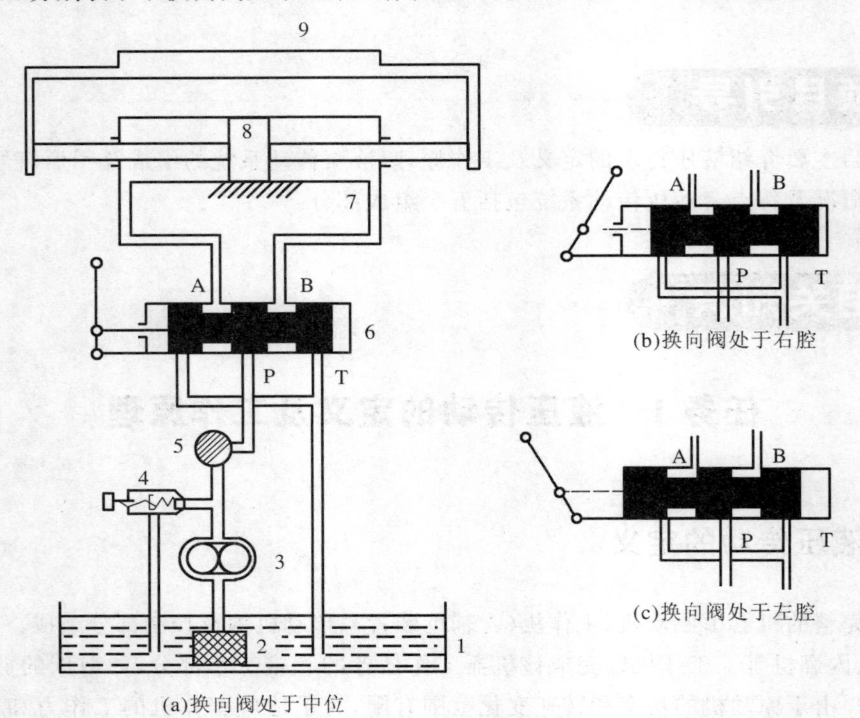

图 1-1 磨床工作台液压传动系统工作原理图

1—油箱；2—过滤器；3—液压泵；4—溢流阀；5—节流阀；6—换向阀；7—液压缸；8—活塞；9—工作台

任务 2 液压传动系统的组成及图形符号

一、液压传动系统的组成

由磨床工作台液压传动系统工作原理可知，液压传动是以液体作为工作介质来进行工作的。一个完整的液压传动系统由以下几部分组成：

1. 工作介质

工作介质指传动液体，在液压传动系统中通常用液压油作为工作介质。

2. 动力元件

动力元件是将原动机所输出的机械能转换成液体压力能的元件。其作用是向液压传动系统提供液压油，最常见的形式为各种液压泵。液压泵是液压传动系统的心脏。

3. 执行元件

执行元件是将液体的压力能转换成机械能以驱动工作机构的元件。这类元件包括各类液压缸和液压马达。

4. 控制元件

控制元件是用来控制或调节液压传动系统中油液的压力、流量或方向，以保证执行装置完成预期工作的元件。这类元件主要包括各种液压阀，如溢流阀、节流阀以及换向阀等。

5. 辅助元件

辅助元件是将动力、执行、控制元件连接在一起，组成一个系统，起储油、过滤、测量和密封等作用的元件。这类元件主要包括管路和接头、油箱、过滤器、蓄能器、密封件和控制仪表等，是液压传动系统不可缺少的组成部分。

二、液压传动系统的图形符号

图 1-1 是一种半结构式的原理图，它有直观性强、容易理解的优点。当液压传动系统发生故障时，根据原理图检查十分方便，但其图形比较复杂，绘制比较麻烦。为便于阅读、分析、设计和绘制液压传动系统图，工程实际中，国内外都采用图形符号来表示液压元件。按照规定，这些图形符号只表示元件的功能，不表示元件的结构和参数，并以元件的静止状态或零位状态来表示。当液压元件无法用图形符号表述时，仍允许采用半结构式原理图表示。我国制定了标准《流体传动系统及元件图形符号和回路图》(GB/T 786.1—2009)，其中最常用的部分可参见附录。如图 1-2 所示为用图形符号表示的磨床工作台液压传动系统工作原理图。

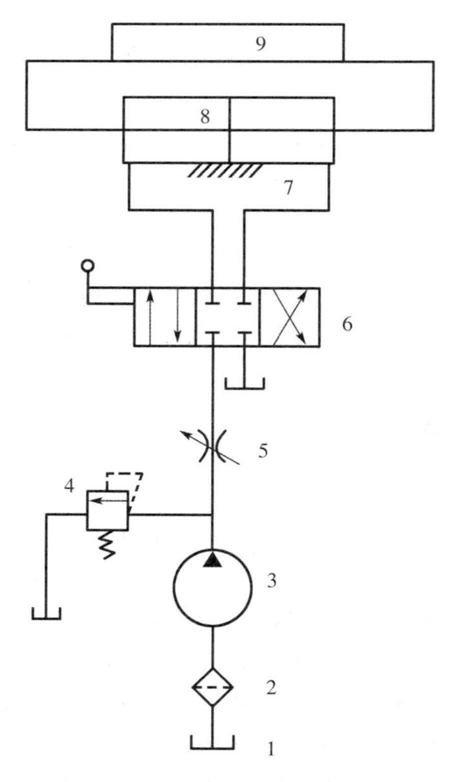

图 1-2 用图形符号表示的磨床工作台液压传动系统工作原理图

1—油箱；2—过滤器；3—液压泵；4—溢流阀；5—节流阀；6—换向阀；7—液压缸；8—活塞；9—工作台

任务3　液压传动的发展概况及特点

一、液压传动的发展概况

液压传动是一门新的学科，虽然从17世纪中叶帕斯卡提出静压传动原理，18世纪末英国制成世界上第一台水压机算起，液压传动技术已有两三百年的历史，但直到20世纪30年代它才较普遍地用于起重机、机床及工程机械领域。在第二次世界大战期间，由于战争需要，出现了由响应迅速、精度高的液压控制机构所装备的各种军事武器。第二次世界大战结束后，液压传动技术迅速转向民用工业，不断应用于各种自动机及自动生产线。20世纪60年代以后，液压传动技术随着原子能、空间技术、计算机技术的发展而迅速发展。因此，液压传动真正的发展也只是近四五十年的事。

目前，液压传动技术的发展动向有以下几点：

(1)节约能源，发展低能耗元件，提高元件效率。

(2)发展新型液压介质和相应元件，如发展高水基液压介质和元件、新型石油基液压介质。

(3)注意环境保护，降低液压元件噪声。

(4)重视液压油的污染控制。

(5)进一步发展电气-液压控制，提高控制性能和操作性能。

(6)重视发展密封技术，防止漏油。

(7)其他方面，如元件微型化、复合化和系统集成化的趋势仍在继续发展，对液压元件的可靠性设计、逻辑设计，与电子技术高度结合，对故障的早期诊断、预测以及防止失效的早期警报等都越来越准确。

我国的液压技术最初应用于机床和锻压设备，后来又用于拖拉机和工程机械。我国在从国外引进一些液压元件、生产技术的同时，也在进行自行研制和设计。现在我国生产的液压元件已形成了系列，并在各种机械设备上得到了广泛的使用。

二、液压传动的特点

1. 液压传动的主要优点

液压传动之所以能得到广泛的应用，是由于它与机械传动、电气传动相比具有以下的主要优点：

(1)由于液压传动是油管连接，所以借助油管的连接可以方便灵活地布置传动机构，这是比机械传动优越的地方。例如，在井下抽取石油的泵可采用液压传动来驱动，以克服长驱动轴效率低的缺点。液压缸由于推力很大，又容易布置，在挖掘机等重型工程机械上，已基本取代了老式的机械传动，其不仅操作方便，而且外形美观大方。

(2)液压传动装置的重量轻、结构紧凑、惯性小。例如，相同功率液压马达的体积为电动机的12%～13%。液压泵和液压马达单位功率的重量指标，目前是发电机和电动机的十分之一，液压泵和液压马达可小至0.002 5 N/W，发电机和电动机则约为0.03 N/W。

(3)液压传动可在大范围内实现无级调速。借助阀或变量泵、变量马达，可以实现无级调速，调速范围可达1∶2 000，并可在液压装置运行的过程中进行调速。

(4)液压传动均匀平稳，负载变化时速度较稳定。正因为此特点，金属切削机床中的磨床传动现在几乎都采用液压传动。

(5)液压装置易于实现过载保护。借助于设置溢流阀等，同时液压件能自行润滑，因此使用寿命长。

(6)液压传动容易实现自动化。借助于各种控制阀，特别是采用液压控制和电气控制结合使用时，能很容易地实现复杂的自动工作循环，而且可以实现遥控。

(7)液压元件已实现了标准化、系列化和通用化，便于设计、制造和推广使用。

2. 液压传动的主要缺点

(1)液压传动系统中的漏油等因素，影响运动的平稳性和正确性，使得液压传动不能保证严格的传动比。

(2)液压传动对油温的变化比较敏感，温度变化时，液体黏性变化，引起运动特性的变化，使得工作的稳定性受到影响，所以它不宜在温度变化很大的环境条件下工作。

(3)为了减少泄漏，以及为了满足某些性能上的要求，液压元件的配合件制造精度要求较高，加工工艺较复杂。

(4)液压传动要求有单独的能源，不像电源那样使用方便。

(5)液压传动系统发生故障不易检查和排除。

总之，液压传动的优点是主要的，随着设计制造和使用水平的不断提高，有些缺点正在逐步加以克服。液压传动有着广泛的发展前景。

思考题与习题

(1)什么是液压传动？液压传动的基本原理是什么？

(2)液压传动系统若能正常工作，必须由哪几部分组成？各部分的作用是什么？

(3)与其他传动方式比较，液压传动有哪些主要特点？

项目2 液压传动的工作介质

项目引导

分析流体先从简单的静力学分析开始，分析液体的基本性质和静压传递原理。然后进行液体的动力学分析，动力学基本方程和伯努利方程是解决问题的好工具。我们应用这些知识来解决实际问题。

相关知识

任务1　液压油的主要性质及选用

一、液压油的主要性质

液压油是液压传动系统（以下简称“液压系统”）中的传动介质，而且还对液压装置的机构、零件起着润滑、冷却和防锈作用。液压系统的压力、温度和流速在很大的范围内变化，因此液压油的质量优劣直接影响液压系统的工作性能。所以，合理地选用液压油是很重要的。

1. 液体的密度

单位体积液体的质量称为液体的密度，以 ρ 表示。如果体积为 V 的液体，它的质量为 m，则 $\rho=m/V$。

2. 液体的可压缩性和热膨胀性

液体受压力作用时体积减小的特性称为液体的可压缩性。在常温下，一般认为油液是不可压缩的，但当液压油中混有空气时，其抗压缩能力会显著降低。所以，应尽量减少油液中混入的气体及其他易挥发物质的含量，以减少对液压系统的不良影响。

液体的热膨胀性是指液体因温度升高而体积增大的性质。液体的热膨胀性也是很微小的，再加上液压系统的温度不能超过允许值，所以在一般情况下可忽略不计。

3. 液体的黏性

液体在外力作用下流动时，由于液体分子间的内聚力会产生一种阻碍液体分子之间进行相对运动的内摩擦力。液体的这种产生内摩擦力的性质称为液体的黏性。

由于液体具有黏性，当流动液体（以下简称流体）发生剪切变形时，流体内就产生阻滞变形的内摩擦力，由此可见，黏性表征了流体抵抗剪切变形的能力。处于相对静止状态的流体中不存在剪切变形，因而也不存在对剪切变形的抵抗，只有当运动流体流层间发生相对运动时，流体对剪切变形的抵抗，也就是黏性才表现出来。黏性所起的作用为阻滞流体内部的相互滑动，在任何情况下它都只能延缓滑动的过程而不能消除这种滑动。

黏性的大小可用黏度来衡量。黏度是衡量流体黏性的主要指标，是影响流体的重要物理性质。

当液体流动时，流体与固体壁面的附着力及流体本身的黏性使流体内各处的速度大小不等。以流体沿如图 2-1 所示的平行平板间的流动情况为例，设上平板以速度 u_0 向右运动，下平板固定不动。紧贴于上平板上的流体黏附于上平板上，其速度与上平板相同；紧贴于下平板上的流体黏附于下平板，其速度为零；中间流体的速度按线性分布。我们把这种流动看成是许多无限薄的流体层在运动，当运动较快的流体层在运动较慢的流体层上滑过时，两层间由于黏性就产生内摩擦力的作用。根据实际测定的数据可知，流体层间的内摩擦力 F 与流体层的接触面积 A 及流体层的相对流速 $\mathrm{d}u$ 成正比，而与此二流体层间的距离 $\mathrm{d}y$ 成反比，即

$$F=\mu A\frac{\mathrm{d}u}{\mathrm{d}y} \tag{2-1}$$

以 $\tau=F/A$ 表示切应力，则有

$$\tau=\frac{F}{A}=\mu\frac{\mathrm{d}u}{\mathrm{d}y} \tag{2-2}$$

式中　μ——衡量流体黏性的比例系数，称为绝对黏度或动力黏度；

$\frac{\mathrm{d}u}{\mathrm{d}y}$——流体层间速度差异的程度，称为速度梯度。

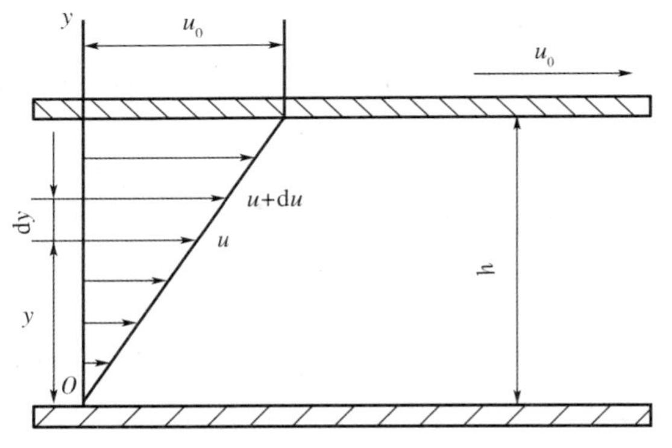

图 2-1　液体的黏性示意图

式(2-2)是液体内摩擦定律的数学表达式。当速度梯度变化时，μ 为不变常数的流体称为牛顿流体，μ 为变数的流体称为非牛顿流体。除高黏性或含有大量特种添加剂的液体外，一般的液压用流体均可看作牛顿流体。

流体的黏度通常有以下三种不同的测试单位。

(1)动力黏度 μ

动力黏度直接表示流体的黏性即内摩擦力的大小。动力黏度 μ 在物理意义上指，当速度梯度 $\mathrm{d}u/\mathrm{d}y=1$ 时，单位面积上的内摩擦力的大小。动力黏度的国际单位(SI)为 $\mathrm{N\cdot s/m^2}$（牛顿·秒/米^2），或 Pa·s(帕·秒)。其计算公式为

$$\mu=\frac{F}{A\frac{\mathrm{d}u}{\mathrm{d}y}} \tag{2-3}$$

(2)运动黏度 γ

运动黏度是动力黏度 μ 与密度 ρ 的比值，即

$$\gamma=\frac{\mu}{\rho} \tag{2-4}$$

式中 γ——液体的运动黏度，m^2/s；

ρ——液体的密度，kg/m^3。

运动黏度的国际单位为 m^2/s（米^2/秒）。工程单位制使用的单位还有 cm^2/s，通常称为斯（托克斯，St）。St 的单位太大，应用不便，通常用 cSt（厘斯）来表示，1 cSt＝10^{-2} St＝10^{-4} m^2/s。

（3）相对黏度

相对黏度是以相对于蒸馏水的黏性的大小来表示该液体的黏性的。相对黏度又称条件黏度。各国采用的相对黏度单位有所不同，有的用赛氏黏度，有的用雷氏黏度，我国采用恩氏黏度。恩氏黏度的测定方法如下：测定 200 mL 某一温度的被测液体在自重作用下流过直径 2.8 mm 小孔所需的时间 t_1，然后测出同体积的蒸馏水在 20 ℃时流过同一孔所需时间 t_0（t_0＝50～52 s），t_1 与 t_0 的比值即流体的恩氏黏度。恩氏黏度用符号°E 表示。被测液体温度 t ℃时的恩氏黏度用符号°E_t 表示，即

$$^{\circ}E_t=\frac{t_1}{t_0} \tag{2-5}$$

工业上一般以 20 ℃、50 ℃和 100 ℃作为测定恩氏黏度的标准温度，并相应地以符号°E_{20}、°E_{50}和°E_{100}来表示。

知道恩氏黏度以后，可以利用下面的经验公式，将恩氏黏度换算成运动黏度，其换算关系式为

$$\gamma=(7.31\ ^{\circ}E_t-6.31\ ^{\circ}E_t)\times 10^{-6} \tag{2-6}$$

4. 液压油的其他性质

除了上述液体的性质外，液压油还有一些其他性质。

（1）闪点

闪点是指油液在规定结构的容器中加热挥发出可燃气体，与液面附近的空气混合，达到一定浓度时可被火星点燃时的温度。闪点是油液防火性能的重要指标。

（2）凝点

凝点是指在规定的冷却条件下油液停止流动的最高温度。液压油的低温流动性能与凝点有关。

（3）化学稳定性和热稳定性

化学稳定性是指油液抵抗与含氧物质（特别是空气）起化学反应的能力。

热稳定性是指油液在高温时抵抗化学反应的能力。

（4）黏温特性

油液的黏度随温度变化的性质称为黏温特性。油液黏度对温度的变化是十分敏感的，当温度升高时，其分子之间的内聚力减小，黏度就随之降低。不同种类的液压油，它的黏度随温度变化的规律也不同。液压油的黏湿特性直接影响到液压系统的性能和泄漏量，因此希望油液黏度随温度的变化越小越好。

二、液压油的选用

1. 液压油的使用要求

液压系统用的液压油一般应满足的要求有：

(1)对人体无害且成本低廉。

(2)黏度适当,黏温特性好。

(3)润滑性能好,防锈能力强。

(4)质地较为纯净,不含水溶性酸、碱,对金属和密封件的相容性好,抗泡沫性和抗乳化性好。

(5)体积膨胀系数较小,燃点高,凝点低。

(6)氧化稳定性好,不变质。

针对不同的液压系统,则需根据具体情况突出某些方面的使用性能要求。

2. 液压油的添加剂

随着液压技术的发展,对液压油的要求越来越高,基础油液的本身性能已远远不能满足液压系统的种种要求,必须通过添加各种添加剂来提高基础油液的性能。目前液压系统使用的液压油几乎都含有各种功能的添加剂。

液压油中的添加剂大致分为两类:一类是改善液压油物理性质的添加剂,如油性剂、抗磨剂、增黏剂、抗泡剂和降凝剂等;另一类是改善液压油化学性质的添加剂,如抗氧剂、防锈剂、防霉菌剂、破乳化剂和金属钝化剂等。

(1)油性剂

油性剂是一种极性较强的物质,在较低的温度和压力下,能在金属表面起吸附作用,形成牢固的吸附膜,防止金属与金属直接接触,改善油膜强度,减少金属的摩擦和磨损。

在液压油中,常用的油性剂有:油酸、硫化鲸鱼油(T401)、硫化棉籽油(T404)、硫化烯烃棉籽油(T405)、二聚酸(T402)等。

(2)抗磨剂

抗磨剂在摩擦高温下,其分解产物能与金属表面起反应,产生低剪切应力和低熔点的化合物薄膜,防止接触表面的咬合或焊接,所产生的塑性变形填平了摩擦面间的凹凸不平部分,使接触面增大,压力降低,磨损减小。

在抗磨剂中,通常含有硫、磷和氯,其化合物具有各自的特点。含硫的抗磨剂,在高温摩擦条件下,硫化物同铁反应生成硫化铁膜,起抗磨作用;含磷的抗磨剂,在不太高的温度和较缓和的摩擦条件下,由磷酸酯热分解的产物与钢铁相互作用,生成低熔点、高塑性的磷酸盐混合物,从而起抗磨作用;含氯的抗磨剂,在极压条件下,产生氯化铁膜,该膜为层状结构,摩擦因数小,易剪切,润滑作用好。

在液压油中,常用的抗磨剂有:二烷基二硫代磷酸锌(T202)、三甲苯基磷酸酯(T306)、硫代磷酸酯(T303)、硫化烯烃(T321)、氯化石蜡(T301)等。

(3)增黏剂

增黏剂是一种改善液压油黏温特性,提高黏度指数的添加剂。这是一类高分子聚合物,低温时,在油液中收缩卷曲成紧密小球状,对低温黏度影响小;高温时,在油液中溶胀伸展,增加黏度,可改善黏温特性。

在液压油中,常用的增黏剂有:聚乙烯基正丁基醚(T601)、聚异丁烯(T603)、乙丙共聚物(T611)、聚甲基丙烯酸酯(T602)等。

(4)抗泡剂

抗泡剂是一种能降低泡沫吸附膜稳定性,缩短泡沫存在时间的添加剂。在液压油中加抗泡剂,能降低表面张力,使气泡能迅速地逸出油面,从而消除气泡。

在液压油中,常用的抗泡剂有:二甲基硅油(T901)、聚酯非硅抗泡剂(T911)、金属皂、脂肪酸等。

(5)降凝剂

降凝剂是一种能抑制油液中石蜡形成网状结晶,使凝点下降,保持油液流动性的添加剂。降凝剂在石蜡结晶表面进行吸附或形成共晶,改变石蜡的晶形和大小,以降低油液的凝点。

在液压油中,常用的降凝剂有:烷基萘(T801)、聚甲基丙烯酸酯(T602B)、α-烯烃共聚物(M)、乙烯-醋酸乙烯酯共聚物(T804)等。

(6)抗氧剂

抗氧剂是一种自身易被氧化,且能在金属表面生成络化物薄膜,隔绝金属与氧及其他腐蚀性物质的接触,防止金属对油液氧化的催化作用和油液对金属的腐蚀作用的添加剂。

一般将几种抗氧剂复合使用,抗氧效果更好。如硫化物与芳香烃复合,会产生增效作用;自由基终止剂与过氧化物分解剂的复合,也有明显的增效作用。

在液压油中,常用的抗氧剂有:2,6-二叔丁基对甲酚(T501)、N,N′-二仲丁基对苯二胺、N-苯基-α-萘胺(T531)、硫烯(T321)、N-二烷基二硫代氨基甲酸盐、芳香烃、双酚等。

(7)防锈剂

防锈剂是一种极性化合物,能在金属表面形成牢固的憎水性吸附膜,以防止金属生锈。

在液压油中,常用的防锈剂有:十二烯基丁二酸(T746)、二壬基萘磺酸钡(T705)、十七烯基咪唑啉烯基丁二酸盐(T703)等。

(8)防霉菌剂

防霉菌剂是一种能防止和抑制乳化油液产生霉菌的添加剂。

在液压油中,常用的防霉菌剂有:酚类化合物、甲醛化物、水杨酸酰基苯胺等。

(9)破乳化剂

破乳化剂是一种能使水与油很好分离或沉降出来的添加剂。

在液压油中,常用的破乳化剂有:磺酸盐、各种环氧乙烷与环氧丙烷的聚合物。

(10)金属钝化剂

金属钝化剂是一种能保护有色金属,特别是铜,防止其表面被腐蚀的添加剂,还能增加油液的抗氧化性及抑制和钝化酸性物质对金属的腐蚀。

3. 液压油的牌号

在 GB/T 7631.2—2003 分类中的 HH、HL、HM、HR、HV、HG 液压油均属矿油型液压油,这类油的品种多,使用量约占液压油总量的 85%以上,汽车与工程机械液压系统常用的液压油也多属于这类。

液压油可用如下形式表示:

L—HM 32

类别—品种 牌号(黏度等级)

以下分别介绍各种液压油的规格、性能及其应用。

(1)HH 液压油

HH 液压油是一种不含任何添加剂的矿物油。这种油虽列入分类之中,但在液压系统中已不使用。因为这种油安定性差、易起泡,在液压设备中使用寿命短。

(2)HL 液压油

HL 液压油是由精制深度较高的中性基础油加抗氧剂和防锈剂制成的，也称通用型机床工业用润滑油。HL 液压油按 40 ℃运动黏度可分为 15、22、32、46、68、100 六个牌号。

HL 液压油主要用于对润滑油无特殊要求，环境温度在 0 ℃以上的各类机床的轴承箱、齿轮箱、低压循环系统或类似机械设备循环系统的润滑。它的使用时间比机械油可延长一倍以上。该产品具有较好的橡胶密封适应性，其最高使用温度为 80 ℃。

(3)HM 液压油

HM 液压油又称抗磨液压油，是从防锈、抗氧液压油基础上发展而来的。它有碱性高锌、碱性低锌、中性高锌型及无灰型等系列产品。它们均按 40 ℃运动黏度分为 22、32、46、68 四个牌号。

HM 液压油主要用于重负荷、中高压的叶片泵、柱塞泵和齿轮泵的液压系统，及 YB-D25 叶片泵、PF15 柱塞泵、CBN-E306 齿轮泵、YB-E80/40 双联泵等液压系统；用于中高压工程机械、引进设备和车辆的液压系统，如电脑数控机床、隧道掘进机、履带式起重机、液压反铲挖掘机和采煤机等的液压系统；除适用于各种液压泵的中高压液压系统外，也可用于中等负荷工业齿轮（蜗轮、双曲线齿轮除外）的润滑，其应用的环境温度为－10～40 ℃，该产品与丁腈橡胶具有良好的适应性。

(4)HR、HG 液压油

HR 液压油是在环境温度变化大的中低压液压系统中使用的液压油。该油具有良好的防锈、抗氧性能，并在此基础上加入了黏度指数改进剂，使油品具有较好的黏温特性。该类油由于用量小至今尚未大力开发，在此不作详细介绍。

HG 液压油曾被称为液压导轨油，是在 HM 液压油基础上添加油性剂或抗磨剂构成的一种液压油。该油不仅具有优良的防锈、抗氧、抗磨性能，而且具有优良的抗黏滑性。该油主要适用于各种机床液压和导轨合用的润滑系统或机床导轨润滑系统及机床液压系统。在低速情况下，防爬效果良好。

(5)HV、HS 液压油

HV 和 HS 液压油是两种不同档次的液压油，在 GB 7631.2－2003 中均属宽温度变化范围下使用的液压油。此二类油都有低的倾点，优良的抗磨性、低温流动性和低温泵送性。HV、HS 液压油均按基础油分为矿油型与合成油型两种。按 40 ℃运动黏度，HV 液压油分为 15、22、32、46、68、100 六个牌号，HS 液压油分为 15、32、32、46 四个牌号。

HV 液压油主要用于寒区或温度变化范围较大和工作条件苛刻的工程机械、引进设备和车辆的中压或高压液压系统，如数控机床、电缆井泵及船舶起重机、挖掘机、大型吊车等液压系统，使用温度在－30 ℃以上。HS 液压油主要用于严寒地区上述各种设备，使用温度为－30 ℃以下。

4. 液压油的选用

正确而合理地选用液压油，乃是保证液压设备高效率正常运转的前提。

液压油可根据液压元件生产厂样本和说明书所推荐的品种号数来选用，或者根据液压系统的工作压力、工作温度、液压元件种类及经济性等因素全面考虑。一般是先确定适用的黏度范围，再选择合适的液压油品种。同时还要考虑液压系统工作条件的特殊要求，如在寒冷地区工作的系统要求油的黏度指数高、低温流动性好、凝固点低；伺服系统则要求油质纯、压缩性好；高压系统则要求油液抗磨性好。在选用液压油时，黏度是一个重要的参数。黏度的高低将影响运动部件的润滑、缝隙的泄漏以及流动时的压力损失、系统的发热温升等。所以，在环境温度较高、工作压力高或运动速度较低时，为减少泄漏，应选用黏度较高的液压油，否则相反。

总的来说，应尽量选用较好的液压油，虽然初始成本要高些，但由于优质油使用寿命长，对元件损害小，所以从整个使用周期看，其经济性要比选用劣质油好些。

任务2 流体力学基础

液压传动是以液体作为工作介质进行能量传递的，因此要研究液体处于相对平衡状态下的力学规律及其实际应用。所谓相对平衡是指液体内部各质点间没有相对运动，至于液体本身完全可以和容器一起如同刚体一样做各种运动。因此，液体在相对平衡状态下不呈现黏性，不存在切应力，只有法向的压应力，即静压力。本节主要讨论液体的平衡规律、压强分布规律以及液体对物体壁面的作用力。

一、液体的压力及其性质

作用在液体上的力有两种类型：一种是质量力，另一种是表面力。

质量力作用在液体所有质点上，它的大小与质量成正比。属于这种力的有重力、惯性力等。单位质量液体受到的质量力称为单位质量力，在数值上等于重力加速度。

表面力作用于所研究液体的表面上，如法向力、切向力。表面力可以是其他物体（如活塞、大气层）作用在液体上的力，也可以是一部分液体间作用在另一部分液体上的力。对于液体整体来说，其他物体作用在液体上的力属于外力，而液体间的作用力属于内力。由于理想液体质点间的内聚力很小，液体不能抵抗拉力或切向力，即使是微小的拉力或切向力都会使液体发生流动。因为静止液体不存在质点间的相对运动，也就不存在拉力或切向力，所以静止液体只承受压力。所谓静压力是指静止液体单位面积上所受的法向力。

设液体内某质点处的法向力 ΔF 对其微小面积 ΔA 的极限为压力 p，即

$$p=\lim_{\Delta A\to 0}\frac{\Delta F}{\Delta A} \tag{2-7}$$

若法向力均匀地作用在面积 A 上，则压力 p 表示为

$$p=\frac{F}{A} \tag{2-8}$$

式中 A——液体有效作用面积；

F——液体有效作用面积 A 上所受的法向力。

静压力具有下述两个重要特征：

（1）液体静压力垂直于作用面，其方向与该面的内法线方向一致。

（2）静止液体中，任何一点所受到的各方向的静压力都相等。

二、液体静力学基本方程及其物理意义

静止液体内部受力情况可用图 2-2 来说明。设容器中装满液体，在任意一点 A 处取一微小面积 dA，该点距液面深度为 h，距坐标原点高度为 Z，容器液平面距坐标原点为 Z_0。为了求得任意一点 A 的压力，可取 $dA \cdot h$ 这个液柱为分离体，如图 2-2(b)所示。根据静压力的特性，作用于这个液柱上的力在各方向都平衡，现求各作用力在 Z 方向的平衡方程。微小液柱顶面上的作用力为 $p_0 dA$（方向向下）和液柱本身的重力（方向向下），液柱底面对液柱的作用力为 $p dA$（方向向上），则平衡方程为

$$p dA = p_0 dA + \rho g h dA \tag{2-9}$$

故

$$p = p_0 + \rho g h \tag{2-10}$$

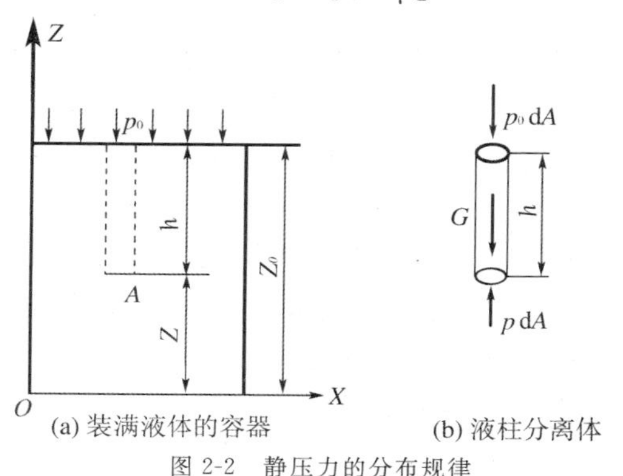

(a) 装满液体的容器　　(b) 液柱分离体

图 2-2　静压力的分布规律

分析式(2-10)可知：

(1)静止液体中任一点的压力均由两部分组成，即液面上的表面压力 p_0 和液体自重而引起的对该点的压力 $\rho g h$。

(2)静止液体内的压力随液体距液面的深度变化呈线性规律分布，且在同一深度上各点的压力相等。压力相等的所有点组成的面为等压面，很显然，在重力作用下静止液体的等压面为一个平面。

(3)可通过下述三种方式使液面产生压力 p_0：通过固体壁面（如活塞）使液面产生压力；通过气体使液面产生压力；通过不同质的液体使液面产生压力。

三、静压传递原理

盛放在密闭容器的液体，其外加压力发生变化时，只要液体仍保持其原来的静止状态不变，则液体中任一点的压力均将发生同样大小的变化。这就是说，在密闭容器内，施加于静止液体上的压力将以等值同时传输到各点。这就是静压传递原理，或称帕斯卡原理。其原理的应用如图 2-3 所示。液压传动是依据帕斯卡原理实现力的传递、放大和方向变换的。液压系统的压力完全取决于外负载。

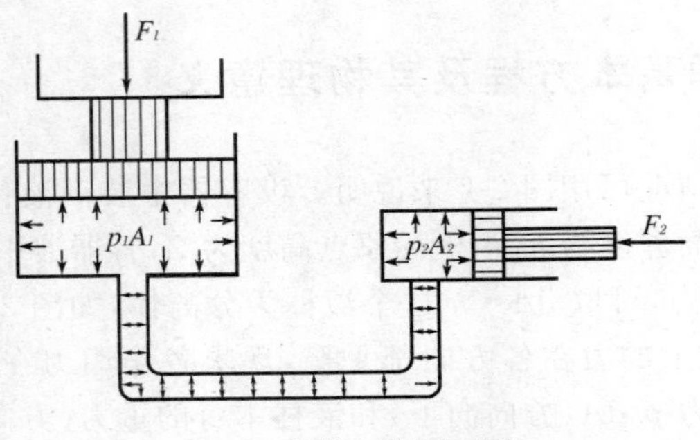

图 2-3 帕斯卡原理的应用

四、压力的表示方法

压力的表示方法有两种:以绝对真空为零点而计量的压力称为绝对压力;以大气压力为零点而计量的压力称为相对压力。工程上常用相对压力。工程上用压力表测量压力。工业用压力表在大气压力中标定为零压,所以,只能测得相对压力,故称为表压力。“大气压力为零”是一个相对压力。相对压力有正负之别:如果流体压力高于大气压力,其相对压力为正值,取高于大气压力的部分;如果流体压力低于大气压力,其相对压力为负值,取低于大气压力的部分。负的相对压力的绝对值(低于大气压力的部分)称为真空度。

绝对压力、相对压力和真空度的相互关系如图 2-4 所示。真空度的最大值不得超过当地的大气压力值。在工程计算中,无其他特别说明时,均指相对压力。绝对压力、相对压力和真空度的关系为

绝对压力=大气压力+表压力

表压力=绝对压力-大气压力

真空度=大气压力-绝对压力

压力单位为帕斯卡,简称帕,符号为 Pa,1 Pa=1 N/m²。由于此单位很小,工程上使用不便,因此常采用千帕或兆帕来表示,如 1 MPa=10^6 Pa。

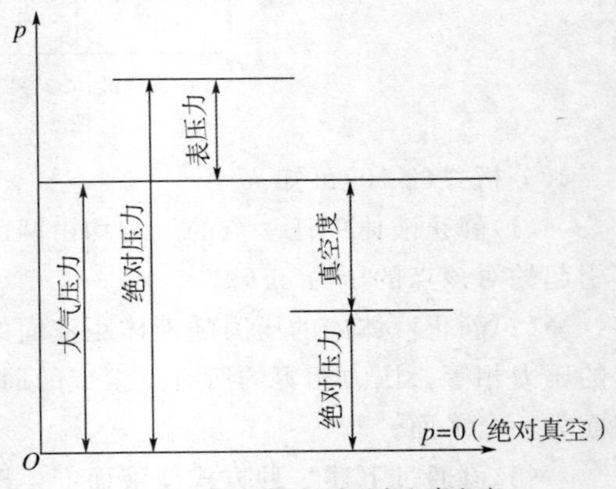

图 2-4 绝对压力、相对压力和真空度

五、动力学基本概念

在液压系统中,液压油总是在不断地流动中,因此要研究液体在外力作用下的运动规律、作用在流体上的力及这些力和流体运动特性之间的关系。

1. 理想液体和稳定流动

液体具有黏性,并在流动时表现出来,因此研究流动液体时就要考虑其黏性,而液体的黏性阻力是一个很复杂的问题,这就使得对流动液体的研究变得复杂。因此,引入理想液体的概念。

理想液体:一般把没有黏性、不可压缩的液体称为理想液体。

首先对理想液体进行研究,然后再通过实验验证的方法对所得的结论进行补充和修正。这样,不仅使问题简单化,而且得到的结论在实际应用中仍具有足够的精确性。

实际液体:一般把既具有黏性又可压缩的液体称为实际液体。

稳定流动:液体流动时,如果液体中任何一点的压力、速度和密度都不随时间而变化,则这样的流动称为稳定流动。

不稳定流动:液体流动时,如果液体中任一点的压力、速度和密度中有任一个量随时间变化,则这样的流动就称为不稳定流动。

2. 迹线、流线、流管、流束和过流断面

迹线:迹线是流场中液体质点在一段时间内运动的轨迹线。

流线:流线是流场中液体质点在某一瞬间运动状态的一条空间曲线。在该线上各点的液体质点的速度方向与曲线在该点的切线方向重合。

流管:某一瞬时 t 在流场中画一封闭曲线,经过曲线的每一点作流线,由这些流线组成的表面称为流管。

流束:充满在流管内的流线的总体称为流束。

过流断面:垂直于液体流动方向的截面称为过流断面。

3. 流量和平均流速

流量:单位时间内通过过流断面的液体的体积称为流量,用 q 表示,单位为 m^3/s,实际中常用单位为 L/min 或 mL/s。

平均流速:在实际液体流动中,由于黏性摩擦力的作用,过流断面上流速的分布规律难以确定,因此引入平均流速的概念,即认为过流断面上各点的流速均为平均流速,用 v 来表示,则通过过流断面的流量就等于平均流速乘以过流断面面积。于是有 $q=vA$,则平均流速为

$$v=\frac{q}{A} \tag{2-11}$$

4. 液体的流动状态

实际液体具有黏性,是产生流动阻力的根本原因。然而流动状态不同,阻力大小也是不同的,所以先研究两种不同的流动状态。

层流:在液体运动时,如果质点没有横向脉动,不引起液体质点混杂,而是层次分明,能够维持安定的流束状态,这种流动称为层流。

湍流:如果液体流动时质点具有脉动速度,引起流层间质点相互错杂交换,这种流动称为湍流。

液体流动时究竟是层流还是湍流,需要用雷诺数来判别。

实验证明,液体在圆管中的流动状态不仅与管内的平均流速 v 有关,还和管径 d、液体的运动黏度 γ 有关。但是,真正决定液流状态的,却是这三个参数所组成的一个称为雷诺数 Re 的量纲为 1 的数,即

$$Re=\frac{vd}{\gamma} \tag{2-12}$$

由式(2-12)可知,液流的雷诺数如相同,它的流动状态也相同。当液流的雷诺数 Re 小于临界雷诺数时,液流为层流;反之,液流大多为湍流。常见的液流管道的临界雷诺数由实

验求得，见表 2-1。

表 2-1 常见液流管道的临界雷诺数

管道的材料与形状	$Re_{临}$	管道的材料与形状	$Re_{临}$
光滑的金属圆管	2 000～2 320	带槽装的同心环状缝隙	700
橡胶软管	1 600～2 000	带槽装的偏心环状缝隙	400
光滑的同心环状缝隙	1 100	圆柱形滑阀阀口	260
光滑的偏心环状缝隙	1 000	锥状阀口	20～100

六、液流连续性方程

能量守恒是自然界的客观规律，不可压缩液体的流动过程也遵守能量守恒定律。在流体力学中这个规律用称为连续性方程的数学形式来表达。

其中不可压缩流体作定常流动的连续性方程为

$$v_1A_1=v_2A_2 \tag{2-13}$$

由于过流断面是任意取的，如图 2-5 所示，则有

$$q=v_1A_1=v_2A_2=v_3A_3=\cdots=常数 \tag{2-14}$$

式中 v_1，v_2——流管过流断面 A_1、A_2 上的平均流速。

式(2-14)表明通过流管内任一过流断面上的流量相等，当流量一定时，任一过流断面上的通流面积与流速成反比，则有任一通流断面上的平均流速为

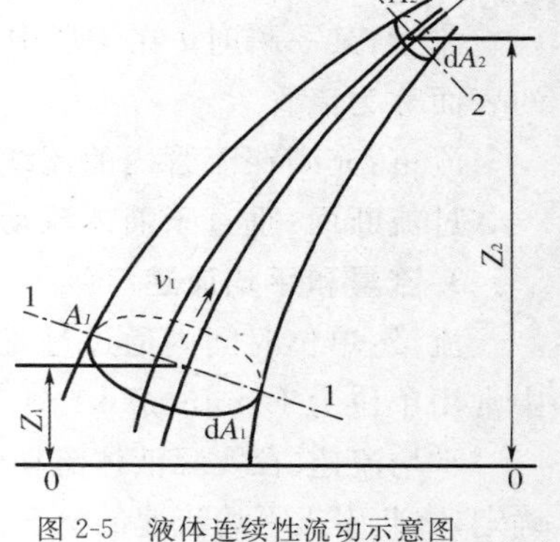

图 2-5 液体连续性流动示意图

$$v=q/A \tag{2-15}$$

七、伯努利方程

能量守恒是自然界的客观规律，流动液体也遵守能量守恒定律，这个规律是用伯努利方程的数学形式来表达的。为了讨论方便，我们先讨论理想液体的流动情况，然后再扩展到实际液体的流动情况。

1. 理想液体的伯努利方程

为研究的方便，一般将液体作为没有黏性摩擦力的理想液体来处理，所以，在流动过程中没有能量损失。由于它具有一定的速度，所以除了具有位置势能和压力能外，还具有动能。如图 2-5 所示，取该管上任意两截面 1—1 和 2—2，假定截面积分别为 A_1、A_2，两截面上液体的压力分别为 p_1、p_2，速度分别为 v_1、v_2，由基准 0—0 算起的标高分别为 Z_1、Z_2。根据能量守恒定律，有

$$\frac{1}{2}mv_1^2+mgZ_1+mg\frac{p_1}{\rho g}=\frac{1}{2}mv_2^2+mgZ_2+mg\frac{p_2}{\rho g} \tag{2-16}$$

若等式两边同除以 m，即可得单位质量液体的能量方程为

$$p_1+\rho gZ_1+\frac{\rho v_1^2}{2}=p_2+\rho gZ_2+\frac{\rho v_2^2}{2} \tag{2-17}$$

对伯努利方程可作如下的理解：

（1）伯努利方程式是一个能量方程式，它表明在空间各相应通流断面处流通液体的能量守恒规律。

（2）理想液体的伯努利方程只适用于重力作用下的理想液体作定常活动的情况。

（3）任一微小流束都对应一个确定的伯努利方程，即对于不同的微小流束，它们的常量值不同。

伯努利方程的物理意义为：在密封管道内作定常流动的理想液体在任意一个通流断面上具有三种形式的能量，即压力能、势能和动能。三种能量的总和是一个恒定的常量，而且三种能量之间是可以相互转换的，即在不同的通流断面上，同一种能量的值会是不同的，但各断面上的总能量值都是相同的。

2. 实际液体的伯努利方程

由于液体存在着黏性，其黏性力在起作用，并表示为对液体流动的阻力，实际液体的流动要克服这些阻力，表示为机械能的消耗和损失，因此，当液体流动时，液流的总能量或总比能在不断地减小，设损失的能量为 Δp_w，则实际液体的伯努利方程为

$$p_1+\rho g Z_1+\frac{\alpha_1\rho v_1^2}{2}=p_2+\rho g Z_2+\frac{\alpha_2\rho v_2^2}{2}+\Delta p_w \tag{2-18}$$

伯努利方程的适用条件为：

（1）稳定流动的不可压缩液体，即密度为常数。

（2）液体所受质量力只有重力，忽略惯性力的影响。

（3）所选择的两个过流断面必须在同一个连续流动的流场中是渐变流（即流线近似于平行线，有效截面近似于平面），而不考虑两截面间的流动状况。

八、管路中液流的压力损失

实际黏性液体在流动时存在阻力，为了克服阻力就要消耗一部分能量，这样就有能量损失。在液压传动中，能量损失主要表现为压力损失，这就是实际液体流动的伯努利方程中的 Δp_w 项的含义。液压系统中的压力损失分为两类，一类是油液沿等直径直管流动时所产生的压力损失，称为沿程压力损失。这类压力损失是由液体流动时的内、外摩擦力所引起的。另一类是油液流经局部障碍（如弯头、接头、管道截面突然扩大或收缩）时，由于液流的方向和速度的突然变化，在局部形成旋涡引起油液质点间，以及质点与固体壁面间相互碰撞和剧烈摩擦而产生的压力损失，称为局部压力损失。

压力损失过大也就是液压系统中功率损耗的增加，这将导致油液发热加剧、泄漏量增加、效率下降和液压系统性能变坏。

1. 沿程压力损失

液体在直管中流动时的压力损失是由液体流动时的摩擦引起的，称为沿程压力损失。它主要取决于管路的长度、内径，及液体的流速和黏度等。液体的流态不同，沿程压力损失也不同。液体在圆管中层流流动在液压传动中最为常见，因此，在设计液压系统时，常希望管道中的液流保持层流流动的状态。

（1）层流时的压力损失

在液压传动中，液体的流动状态多数是层流流动，在这种状态下液体流经直管的压力损失可以通过理论计算求得。

层流状态时，液体流经直管的沿程压力损失可从下式求得

$$\Delta p_{\lambda}=\lambda \frac{l}{d}\cdot\frac{\rho v^{2}}{2} \tag{2-19}$$

式中 Δp_{λ}——沿程压力损失，Pa；

l——管路长度，m；

v——液流速度，m/s；

d——管路内径，m；

ρ——液体的密度，kg/m^3；

λ——沿程阻力系数，λ 的理论值为 $\lambda=64/Re$。

液体层流时，黏性力起主导作用，液体质点受黏性的约束，不能随意运动。将 λ 代入式(2-19)可得，层流的压力损失 Δp_{λ} 与流速 v 成正比，即

$$\Delta p_{\lambda}=\frac{32\gamma l v}{d^{2}} \tag{2-20}$$

(2)湍流时的压力损失

层流流动中各质点有沿轴向的规则运动，而无横向运动。湍流的重要特性之一是液体各质点不再是有规则地轴向运动，而是在运动过程中互相渗混和脉动。这种极不规则的运动引起质点间的碰撞，并形成旋涡。

液体湍流时，惯性力起主导作用，黏性力不能约束它。湍流时的压力损失 Δp 与流速 v 的 1.75～2 次方($v^{1.75}\sim v^{2}$)成正比。由此可见，湍流能量损失比层流大得多。由于湍流流动现象的复杂性，完全用理论方法加以研究至今，尚未获得令人满意的结果。

2. 局部压力损失

局部压力损失是液体流经阀口、弯管、过流断面变化等所引起的压力损失。液流通过这些地方时，由于液流方向和速度均发生变化，使液体的质点间相互撞击，从而产生较大的能量损耗。

局部压力损失的计算式可以表达成

$$\Delta p_{\zeta}=\frac{1}{2}\zeta\rho v^{2} \tag{2-21}$$

式中 Δp_{ζ}——局部压力损失，Pa；

ζ——局部阻力系数，其值仅在液流流经突然扩大的截面时可以用理论推导方法求得，其他情况均须通过实验来确定；

v——液体的平均流速，一般情况下指局部阻力下游处的流速，m/s。

3. 管路系统的总压力损失

液压系统的管路通常由若干段管道组成，其中每一段又串联诸如弯头、控制阀、管接头等形成的局部阻力装置，因此管路系统的总压力损失等于所有沿程压力损失和所有局部压力损失之和，即

$$\Delta p=\sum\Delta p_{\lambda}+\sum\Delta p_{\zeta}=\sum\lambda \frac{l}{d}\cdot\frac{\rho v^{2}}{2}+\sum\xi\frac{\rho v^{2}}{2} \tag{2-22}$$

在液压传动中，管路一般都不长，而控制阀、弯头、管接头等的局部阻力则较大，沿程压力损失比局部压力损失小得多。因此，大多数情况下总的压力损失只包括局部压力损失和

长管的沿程压力损失，只对这两项进行讨论计算。

通过上述分析，可以总结出减少管道系统压力损失的主要措施：

(1)尽量缩短管道长度，减少管道弯曲和截面的突变。

(2)提高管道内壁的光滑程度。

(3)管道应有足够大的通流面积，并把液流的速度限制在适当的范围内。

(4)液压油的黏度选择要适当。

4. 流量损失

在液压系统中，由于元件连接部分密封不好和配合表面间隙的存在，油液流经这些缝隙时就会产生泄漏现象，造成流量损失。

任务 3　液压冲击和气穴现象

一、液压冲击现象

在液压系统中，当极快地换向或关闭液压回路，致使液流速度急剧地改变(变向或停止)时，由于流动液体的惯性或运动部件的惯性，会使系统内的压力发生突然升高或降低，这种现象称为液压冲击(水力学中称为水锤现象)。在研究液压冲击时，必须把液体当作弹性物体，同时还需考虑管壁的弹性。

1. 液压冲击的产生

首先讨论一下液压冲击的发展过程。如图 2-6 所示为某液压传动油路的一部分，管路 A 的入口端装有蓄能器，出口端装有快速电动换向阀。当换向阀打开时，管中的流速为 v_0，压力为 p_0，现在来研究当阀门突然关闭时，阀门前及管中压力变化的规律。

当阀门突然关闭时，如果认为液体是不可压缩的，则管中整个液体将如同刚体一样同时静止下来。但实验证明并非如此，事实上只有紧邻着阀门的一层厚度为 Δl 的液体于 Δt 时间内首先停止流动。之后，液体被压缩，压力增高 Δp，同时管壁亦发生膨胀。在下一个无限小时间 Δt 段后，紧邻着的第二层液体又停止下来，其厚度亦为 Δl，也受压缩，同时这段管子也膨胀了些。以此类推，第三层、第四层液体逐层停止下来，并产生增压。这样就形成了一个高压区和低压区分界面(称为增压波面)，它以速度 c 从阀门处开始向蓄能器方向传播。我们称 c 为水锤波的传播速度，它实际上等于液体中的声速。

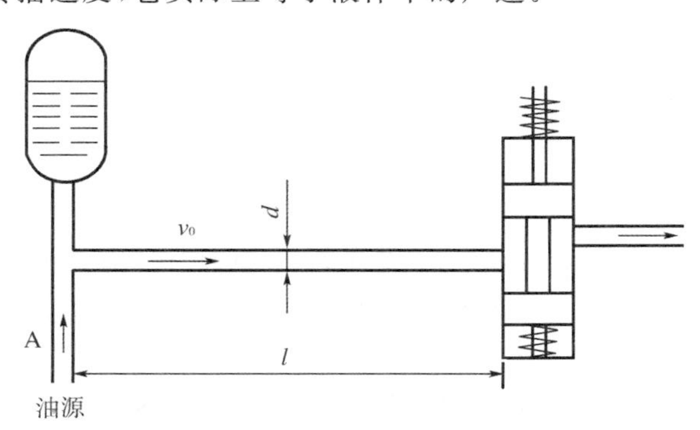

图 2-6　液压冲击的液压传动油路分析

在阀门关闭 $t_1=l/c$ 时刻后，水锤压力波面到达管路入口处。这时，在管长 l 中全部液体都已依次停止了流动，而且液体处在压缩状态下。这时来自管内方面的压力较高，而在蓄能器内的压力较低。显然这种状态是不能平衡的，可见管中紧邻入口处第一层的液体将会以速度 v_0 冲向蓄能器中。与此同时，第一层液体结束了受压状态，水锤压力 Δp 消失，恢复到正常情况下的压力，管壁也恢复了原状。这样，管中的液体高压区和低压区的分界面即减压波面，将以速度 c 自蓄能器向阀门方向传播。

在阀门关闭 $t_2=2l/c$ 时刻后，全管长 l 内的液体压力和体积都已恢复了原状。这时要特别注意，在 $t_2=2l/c$ 的时刻末，紧邻阀门的液体由于惯性作用，仍然试图以速度 v_0 向蓄能器方向继续流动。就好像受压的弹簧，当外力取消后，弹簧会伸长得比原来还要长，因而处于受拉状态。这样就使得紧邻阀门的第一层液体开始受到"拉松"，因而使压力突然降低 Δp。同样第二层、第三层依次放松，这就形成了减压波面，仍以速度 c 向蓄能器方向传去。当阀门关闭 $t_3=3l/c$ 时刻后，减压波面到达水管入口处，全管长的液体处于低压而且是静止状态。这时蓄能器中的压力高于管中压力，当然不能保持平衡。在这一压力差的作用下，液体必然由蓄能器流向管路中去，使紧邻管路入口的第一层液体首先恢复到原来正常情况下的速度和压力。

按这种情况液体依次一层一层地以速度 c 由蓄能器向阀门方向传播，直到经过 $t_4=4l/c$ 时刻后传到阀门处。这时管路内的液体完全恢复到原来的正常情况，液流仍以速度 v_0 由蓄能器流向阀门。这种情况和阀门未关闭之前完全相同。因为现在阀门仍在关闭状态，故此后将重复上述四个过程。如此周而复始地传播下去，如果不是由于液压阻力和管壁变形消耗了一部分能量，这种情况将会永远继续下去。如图 2-7 所示为在紧邻阀门前的压力随时间变化的图形。由图可以看出，该处的压力每经过 $2l/c$ 时间段，互相变换一次。

如图 2-7 所示是理想情况。实际上由于液压阻力及管壁变形需要消耗一定的能量，因此它是一个逐渐衰减的复杂曲线，如图 2-8 所示。

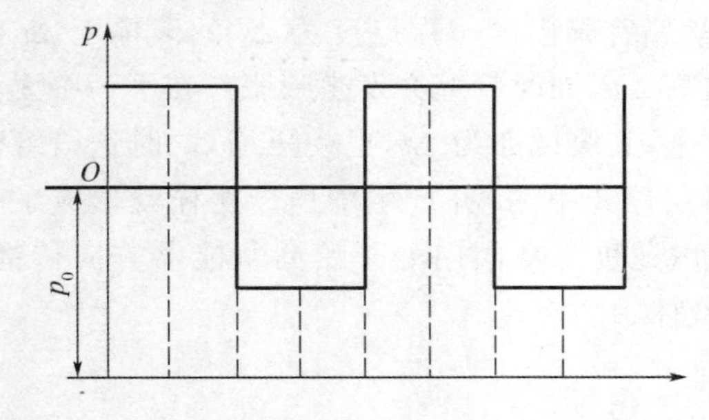

图 2-7 理想情况下液压冲击压力的变化规律

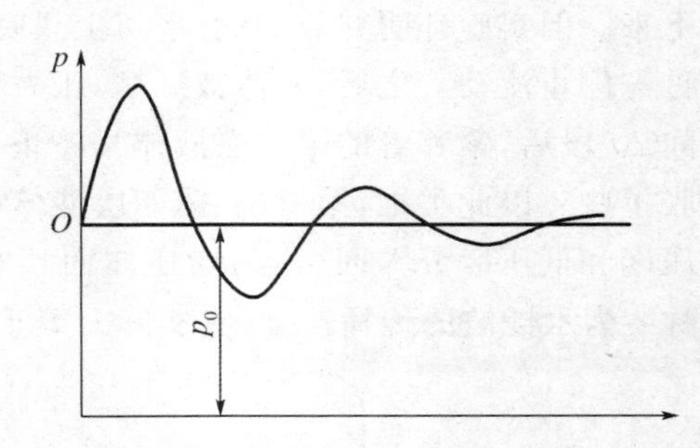

图 2-8 实际情况下液压冲击压力的变化规律

2. 液压冲击的危害及措施

液压冲击的危害是很大的。发生液压冲击时管路中的冲击压力往往急增很多倍，而使按工作压力设计的管道破裂。此外，所产生的液压冲击波会引起液压系统的振动和冲击噪声。因此在液压系统设计时要考虑这些因素，应当尽量减少液压冲击的影响。为此，一般可采用如下措施：

(1)缓慢关闭阀门，削减冲击波的强度。

(2)在阀门前设置蓄能器，以减小冲击波传播的距离。

(3)应将管中流速限制在适当范围内，或采用橡胶软管，也可以减小液压冲击。

(4)在系统中装置安全阀，可起卸载作用。

二、气穴现象

1. 气穴现象产生的原因

一般液体中溶解有空气，水中溶解有约2%体积的空气，液压油中溶解有6%～12%体积的空气。呈溶解状态的气体对油液体积弹性模量没有影响，呈游离状态的微小气泡则对油液体积弹性模量产生显著的影响。空气的溶解度与压力成正比。当压力降低时，原先压力较高时溶解于油液中的气体成为过饱和状态，于是就要分解出游离状态的微小气泡，其速率是较低的，但当压力低于空气分离压时，溶解的气体就要以很高速度分解出来，成为游离微小气泡，并聚合长大，使原来充满油液的管道变为混有许多气泡的不连续状态，这种现象称为气穴现象。油液的空气分离压 p_g 随油温及空气溶解度而变化，当油温 $t=50$ ℃时，$p_g<4\times10^6$ Pa(绝对压力)。

管道中发生气穴现象时，气泡随着液流进入高压区时，体积急剧缩小，气泡又凝结成液体，形成局部真空，周围液体质点以极大速度来填补这一空间，使气泡凝结处瞬间局部压力高达数百帕，温度达近千摄氏度。在气泡凝结附近壁面，因反复受到液压冲击与高温作用，以及油液中逸出气体具有较强的酸化作用，使金属表面产生腐蚀。因气穴产生的腐蚀，一般称为气蚀。泵吸入管路连接、密封不严使空气进入管道，回油管高出油面使空气冲入油中而被泵吸油管吸入油路，以及泵吸油管道阻力过大、流速过高等均是造成气穴的原因。

2. 减少气穴现象的措施

气穴现象会引起系统的振动，产生冲击、噪声、气蚀使工作状态恶化，应采取如下预防措施：

(1)限制泵吸油口离油面高度，泵吸油口要有足够的管径，过滤器压力损失要小，自吸能力差的泵用辅助供油。

(2)管路密封要好，防止空气渗入。

(3)节流口压降要小，一般控制节流口前后压差比 $p_1/p_2<3.5$。

(4)液压零件应选用抗腐蚀强的金属材料。

思考题与习题

(1)什么是液体的黏性？常用的黏度方法表示有哪几种？如何定义？

(2)对于液压油来说，压力增大或温度升高时，黏度如何变化？

(3)液体的静压力的特性是什么？

(4)液压泵从油箱吸油示意图如图2-9所示。已知：吸油管直径 $d=6$ cm，泵流量 $q=150$ L/min，液压泵入口处的真空度为 0.2×10^5 Pa，油液的运动黏度为 30×10^{-6} m²/s，$\rho=900$ kg/m³，弯头处的局部阻力系数 $\zeta_{弯}=0.2$，管道入口处的局部阻力系数 $\zeta_{入}=0.5$，沿程损失忽略不计。求油泵吸油高度 h。

(5)如图2-10所示为一直径 $D=30$ m的储油罐，其近底部的出油管直径 $d=20$ mm，出油管中心与储油罐液面相距 $H=20$ m。设油液密度为900 kg/m³，假设在出油过程中油罐液面高度不变，出油管处压力表读数为 0.045 mPa，在忽略一切压力损失且动能修正系数均为 1 的条件下，求装满体积为 10 000 L 的油车需要多少时间。

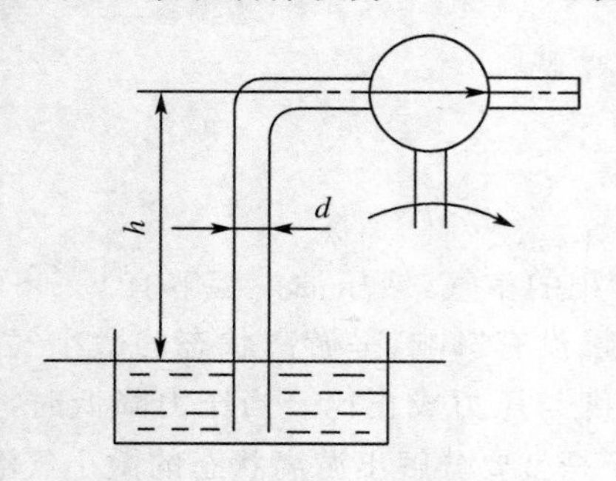

图 2-9　液压泵从油箱吸油示意图

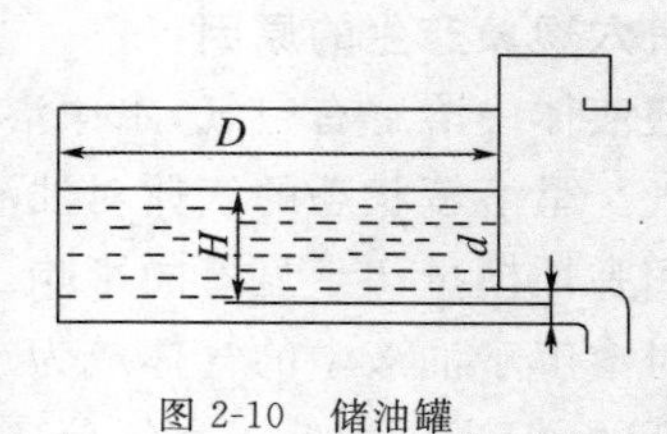

图 2-10　储油罐

项目3 液压动力元件的选用

项目引导

液压系统的动力来源于液压泵，它是液压系统的心脏，为整个系统的运行提供动力。常用的液压泵有齿轮泵、叶片泵、柱塞泵等。每种泵有各自的特点，正确地选择液压泵是解决问题的关键之一。

相关知识

任务1　液压泵工作原理

一、液压泵的工作原理

液压泵的工作原理如图3-1所示，电动机带动凸轮1旋转时，柱塞2在凸轮1和弹簧3的作用下，在缸体的柱塞孔内左、右往复移动，缸体与柱塞之间构成了容积可变的密封工作腔4。柱塞2向右移动时，密封工作腔4容积变大，形成局部真空，油液中的油便在大气压力作用下通过单向阀5流入泵体内，单向阀6关闭，防止系统油液回流，这时液压泵吸油。柱塞2向左移动时，密封工作腔4容积变小，油液受挤压，便经单向阀6压入系统，单向阀5关闭，避免油液流回油箱，这时液压泵压油。若凸轮1不停地旋转，液压泵就不断地吸油和压油。

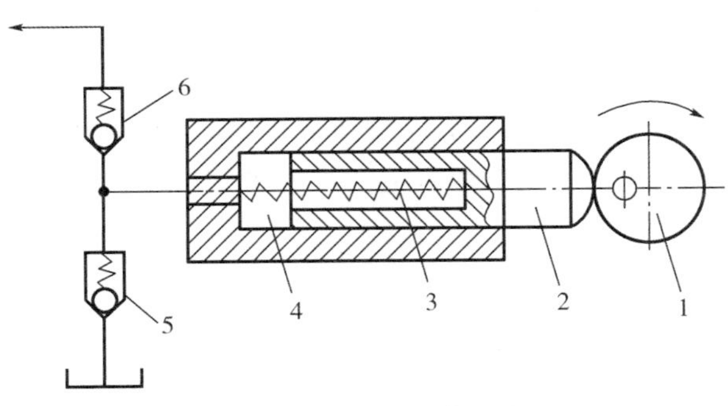

图3-1　液压泵的工作原理

1—凸轮；2—柱塞；3—弹簧；4—密封工作腔；5，6—单向阀由此可见，液压泵是靠密封工作腔的容积变化进行工作的。根据密封工作腔的容积变化而进行吸油和压油是液压泵的共同特点，因而这种泵又称为容积泵。液压泵正常工作必备的条件是：

(1)有周期性的密封容积变化。密封容积由小变大时吸油，由大变小时压油。

(2)有配流装置。配流装置的作用是保证密封容积在吸油过程中与油箱相通，同时关闭供油通路；压油时与供油管路相通而与油箱切断。图 3-1 中的单向阀 5 和单向阀 6 就是配流装置，配流装置的形式随着泵的结构差异而不同。

(3)油箱内液体表面的绝对压力必须大于或等于大气压力，这是液压泵能够吸入油液的外部条件。因此，为保证液压泵正常工作，油箱必须与大气相通或采用密封的充压油箱。

二、液压泵的性能参数

1. 压力

液压泵的压力参数包括工作压力和额定压力。

(1)工作压力 p

液压泵的工作压力是指液压泵出口处的实际压力值。其大小由外界负载决定：当负载增大时，液压泵的压力升高；当负载减小时，液压泵的压力下降。

(2)额定压力 p_n

液压泵的额定压力是指液压泵在连续工作过程中允许达到的最高压力。额定压力值的大小由液压泵零部件的结构强度和密封性来决定。超过这个压力值，液压泵有可能发生机械或密封方面的损坏。

液压传动的用途不同，系统所需要的压力也不同，为了便于液压元件的设计、生产和使用，将压力分为几个等级，见表 3-1。

表 3-1 压力分级

压力分级	低压	中压	中高压	高压	超高压
压力/MPa	<2.5	2.5～8	8～16	16～32	>32

2. 排量和流量

(1)排量 V

排量是指在无泄漏情况下，液压泵转一周所能排出的油液体积。可见，排量的大小只与液压泵中密封工作腔的几何尺寸和个数有关。排量可调节的液压泵称为变量泵；排量为常数的液压泵称为定量泵。

(2)理论流量 q_{Vt}

液压泵的理论流量是指在无泄漏情况下，液压泵单位时间内输出的油液体积。其值等于泵的排量 V 和泵轴转数 n 的乘积，即

$$q_{Vt}=Vn \tag{3-1}$$

（3）实际流量 q_V

液压泵的实际流量是指单位时间内液压泵实际输出的油液体积。由于工作过程中液压泵的出口压力不等于零，因而存在内部泄漏量 Δq（液压泵的工作压力越高，泄漏量越大），使液压泵的实际流量小于其理论流量，即

$$q_V = q_{Vt} - \Delta q \tag{3-2}$$

显然，当液压泵处于卸荷（非工作）状态时，这时输出的实际流量近似为理论流量。

（4）额定流量 q_{Vn}

液压泵的额定流量是指液压泵在额定转数和额定压力下输出的实际流量。

3. 功率和效率

（1）液压泵的功率损失

实际上，液压泵在工作中是有能量损失的，这种损失包括容积损失和机械损失。

①容积损失和容积效率 η_V：容积损失主要是液压泵内部泄漏造成的流量损失。容积损失的大小用容积效率表征，即

$$\eta_V = \frac{q_V}{q_{Vt}} = \frac{q_V}{Vn} \tag{3-3}$$

②机械损失和机械效率 η_m：由于液压泵内各种摩擦（机械摩擦、液体摩擦），液压泵的实际输入转矩 T_i 总是大于其理论转矩 T_t，这种损失称为机械损失。机械损失的大小用机械效率表征，即

$$\eta_m = \frac{T_t}{T_i} = \frac{pV}{2\pi T_i} \tag{3-4}$$

（2）液压泵的功率

①输入功率 P_i：输入功率是驱动液压泵的机械功率，由电动机或柴油机给出，即

$$P_i = 2\pi n T_i \tag{3-5}$$

②输出功率 P_o：输出功率是液压泵输出的液压功率，即液压泵的实际流量 q_V 与液压泵的进、出口压差 Δp 的乘积

$$P_o = \Delta p q_V \tag{3-6}$$

③液压泵的总效率 η：液压泵的总效率是液压泵的输出功率与输入功率之比，即

$$\eta = \frac{P_o}{P_i} = \eta_V \eta_m \tag{3-7}$$

液压泵的总效率、容积效率和机械效率可以通过实验测得。

三、液压泵的结构类型

液压泵按结构形式不同可分为齿轮泵、叶片泵和柱塞泵等；按流量能否改变可分为定量泵和变量泵；按液流方向能否改变可分为单向泵和双向泵。

1. 齿轮泵

齿轮泵的种类很多，按工作压力大致可分为低压齿轮泵（$p \leqslant 2.5$ MPa）、中压齿轮泵

($p>2.5\sim8$ MPa)、中高压齿轮泵($p>8\sim16$ MPa)和高压齿轮泵($p>16\sim32$ MPa)四种。目前国内生产和应用较多的是低压、中压和中高压齿轮泵,高压齿轮泵正处在发展和研制阶段。

齿轮泵按啮合形式的不同,可分为内啮合和外啮合两种。其中外啮合齿轮泵应用更广泛,而内啮合齿轮泵则多为辅助泵。

(1)齿轮泵的工作原理

如图 3-2 所示为外啮合齿轮泵的工作原理。在壳体 1 内有一对外啮合齿轮,即主动齿轮 2 和从动齿轮 3。由于齿轮端面与壳体端盖之间的缝隙很小,齿轮齿顶与壳体内表面的间隙也很小,因此可以看成将齿轮泵壳体内分隔成左、右两个密封容腔。当齿轮按图 3-2 所示方向旋转时,右侧的齿轮逐渐脱离啮合,露出齿间。因此这一侧的密封容腔的体积逐渐增大,形成局部真空,油箱中的油液在大气压力的作用下经泵的吸油口进入这个腔体,因此这个容腔称为吸油腔。随着齿轮的转动,每个齿间中的油液从右侧被带到了左侧。在左侧的密封容腔中,轮齿逐渐进入啮合,使左侧密封容腔的体积逐渐减小,把齿间的油液从压油口挤压输出的容腔称为压油腔。当齿轮泵不断地旋转时,齿轮泵的吸、压油口不断地吸油和压油,实现了向液压系统输送油液的过程。在齿轮泵中,吸油区和压油区由相互啮合的轮齿和泵体分隔开来,因此没有单独的配油机构。

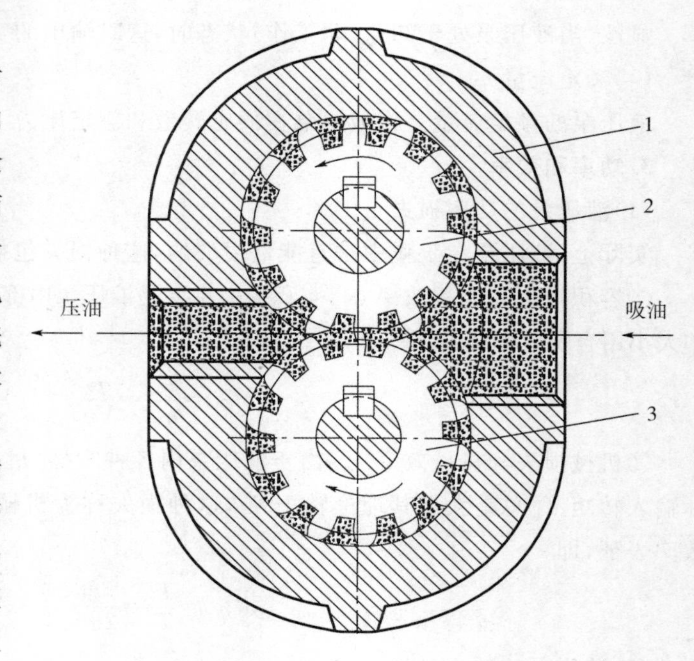

图 3-2 外啮合齿轮泵的工作原理

1—壳体;2—主动齿轮;3—从动齿轮

在齿轮泵工作的过程中,只要齿轮旋转方向不变,吸、压油腔的位置也是确定不变的,轮齿啮合线一直起着分隔吸、压油腔的作用,所以不需要单独的配流装置。

(2)齿轮泵的结构

CB-B 型齿轮泵为无侧板型,它是三片式结构的中低压齿轮泵,结构简单,不能承受较高的压力。其额定压力为 2.5 MPa,排量为 2.5~125 mL/r,转速为 1 450 r/min,主要用于机床作液压系统动力源以及各种补油、润滑和冷却系统。

如图 3-3 所示为 CB-B 型齿轮泵的结构。主动轴 7 装有主动齿轮,从动轴 9 装有从动齿轮。用定位销 8 和螺钉 2 把泵体 4 与后泵盖 5 和前泵盖 1 装在一起,形成齿轮泵的密封容腔。泵体两端面开有封油卸荷槽口 d,可防止油外泄和减轻螺钉拉力。油孔 a、b、c 可使轴承处油液流向吸油口。

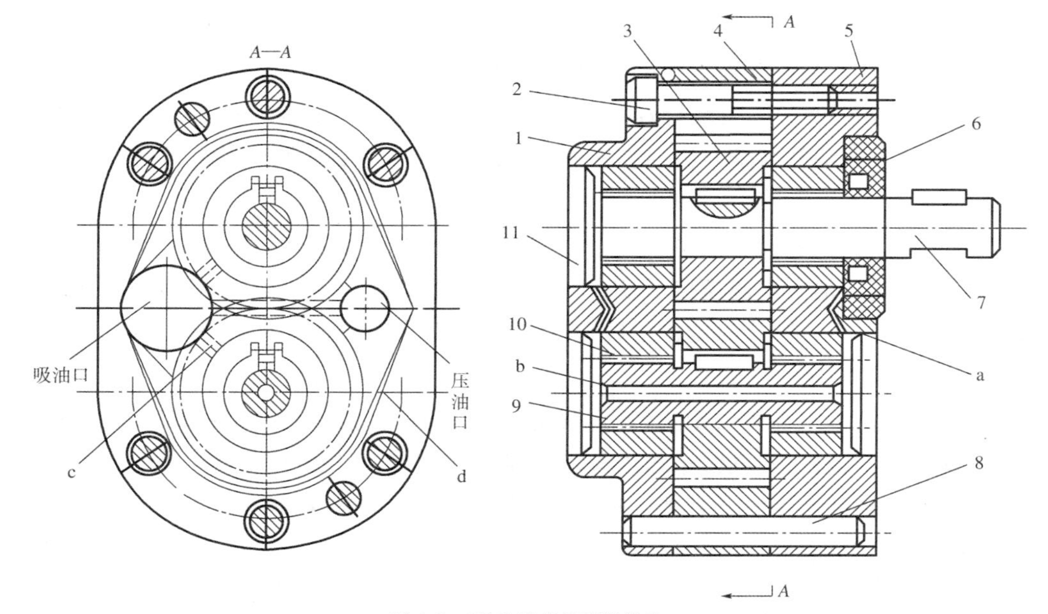

图 3-3　CB-B 型齿轮泵的结构

1—前泵盖；2—螺钉；3—齿轮；4—泵体；5—后泵盖；6—密封圈；7—主动轴；8—定位销；9—从动轴；10—滚针轴承；11—堵头；a，b，c—油孔；d—封油卸荷槽口

(3)齿轮泵存在的问题

①困油现象：齿轮泵要平稳地工作，齿轮啮合时的重叠系数必须大于1，即一对以上轮齿尚未脱开，另一对轮齿已进入啮合。此时，就有一部分油液被围困在两对轮齿啮合时所形成的封闭油腔之内，如图 3-4 所示。这个密封容积的大小随齿轮转动先由最大，如图3-4(a)所示，逐渐减到最小，如图 3-4(b)所示，又由最小逐渐增到最大，如图 3-4(c)所示。密封容积减小时，被困油液受到挤压而产生瞬间高压，密封容腔的被困油液若无油道与压油口相通，油液将从缝隙中被挤出，导致油液发热，轴承等零件也受到附加冲击载荷的作用；密封容积增大时，无油液的补充，又会造成局部真空，使溶于油液中的气体分离出来，产生气穴。这就是齿轮泵的困油现象。

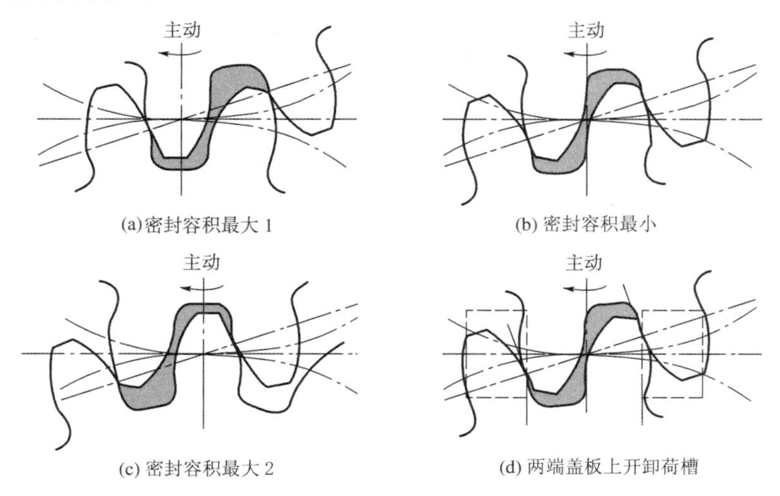

图 3-4　齿轮泵的困油现象及消除措施

困油现象使齿轮泵产生强烈的噪声，并引起振动和气蚀，同时降低齿轮泵的容积效率，影响工作的平稳性和使用寿命。消除困油现象的方法，通常是在两端盖板上开卸荷槽，如图3-4(d)中的虚线方框所示。当密封容积减小时，通过右边的卸荷槽与压油腔相通；而密封容积增大时，通过左边的卸荷槽与吸油腔相通。两卸荷槽的间距必须确保在任何时候都不使吸、压油相通。

②径向不平衡力：在齿轮泵中，油液作用在轮外缘的压力是不均匀的，从低压腔到高压腔，压力沿齿轮旋转的方向逐齿递增，因此，齿轮和轴受到径向不平衡力的作用，工作压力越高，径向不平衡力越大，严重时能使泵轴弯曲，导致齿顶接触泵体，产生磨损，同时也降低轴承使用寿命。

为了减小径向不平衡力的影响，常采取缩小压油口的办法，使压油腔的液压油仅作用在一个齿到两个齿的范围内；同时适当增大径向间隙，使齿顶不与泵体接触。

③泄漏及端面间隙的自动补偿：外啮合齿轮泵压油腔的液压油向吸油腔泄漏有三条途径，即通过齿轮啮合线处的间隙、通过泵体内孔和齿顶圆间的径向间隙、通过齿轮两端面和盖板间的端面间隙。在这三类间隙中，端面间隙的泄漏量最大，一般占总泄漏量的70%～80%，而且压力越高，间隙泄漏量就越大。因此，为了提高齿轮泵的压力和容积效率，实现齿轮泵的高压化，需要从结构上采取措施，对端面间隙进行自动补偿。

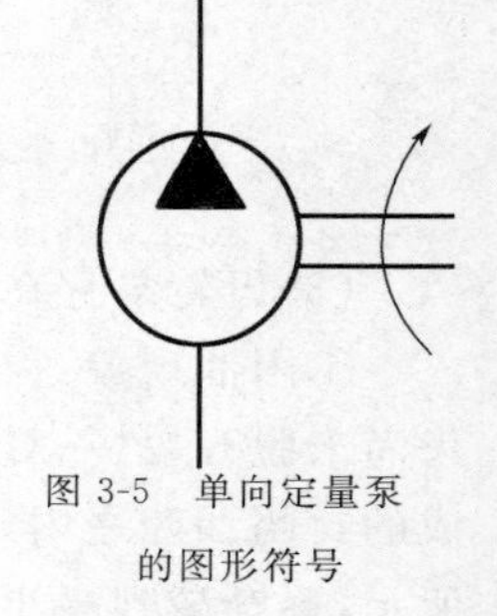
图3-5　单向定量泵的图形符号

通常采用的自动补偿端面间隙装置有浮动轴套式和弹性侧板式两种。其原理都是引入液压油使轴套或侧板紧贴在齿轮端面上，压力越高，间隙越小，可自动补偿端面磨损和减小间隙。

齿轮泵只能做成定量泵。单向定量泵的图形符号如图3-5所示。

2. 叶片泵

相对于齿轮泵来说，叶片泵输出流量均匀，脉动小，噪声小，但结构较复杂，对油液的污染比较敏感，主要用于速度平稳性要求较高的中低压系统。所以叶片泵是机床液压系统中应用最广的一种泵。随着结构、工艺及材料的不断改进，叶片泵正向着中高压及高压方向发展。

叶片泵按其流量能否改变分为定量叶片泵和变量叶片泵；叶片泵按吸、压油液次数又分为双作用叶片泵和单用叶片泵。

(1)双作用叶片泵

如图3-6所示为双作用叶片泵的工作原理。它主要由定子、转子、叶片、配油盘、轴和泵体等组成。定子内表面由四段圆弧和四段过渡曲线组成，形似椭圆，且定子和转子是同心安装的，泵的供油流量无法调节，所以属于定量泵。

转子旋转时，叶片靠离心力和根部油压作用伸出并紧贴在定子的内表面上，两叶片之间和转子的外圆柱面、定子内表面及前、后配油盘形成了若干个密封工作腔。

当图3-6中转子顺时针方向旋转时，密封工作腔的容积在左上角和右下角处逐渐增大，形成局部真空而吸油，为吸油区；在左下角和右上角处逐渐减小而压油，为压油区。吸油区和压油区之间有一段封油区将吸、压油区隔开。这种泵的转子每转一转，每个密封工作腔完成吸油和压油各两次，所以称为双作用叶片泵。这种泵的两个吸油区和两个压油区是径向对称的，因而作用在转子上的径向液压力平衡，所以又称为平衡式叶片泵。

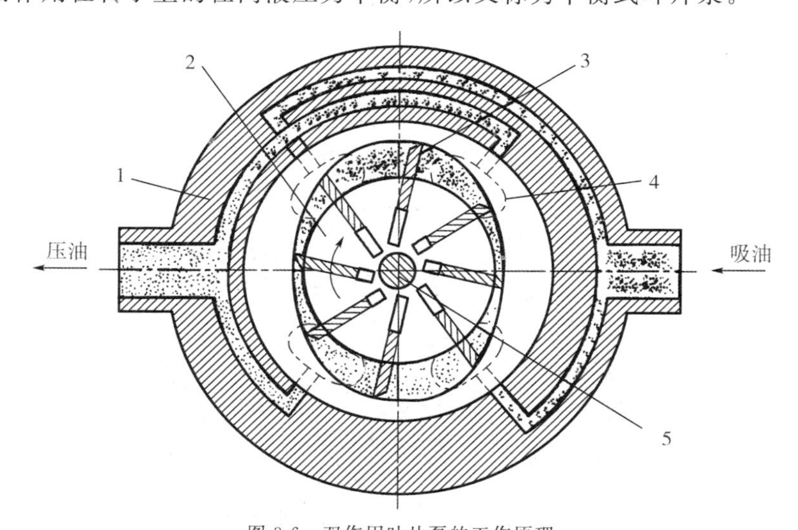

图 3-6 双作用叶片泵的工作原理

1—定子；2—转子；3—叶片；4—配油盘；5—轴

由于叶片有一定的厚度，根部又连通压油腔，在吸油区的叶片不断伸出，根部容积要由液压油来补充，减少了输出量，造成少量流量脉动，但脉动率较小。通过理论分析可知，流量脉动率在叶片数为 4 的整数倍，且大于 8 时最小，故双作用叶片泵的叶片数通常取为 12 或 16。双作用叶片泵只能做定量泵。

①定子曲线：定子曲线实质上由两段长半径圆弧、两段短半径圆弧和四段过渡曲线八个部分组成。理想的过渡曲线不仅应使叶片在槽中滑动时的径向速度变化均匀，而且应使叶片转到过渡曲线和圆弧段交接点处的加速度突变不大，以减小冲击和噪声，同时，还应使泵的瞬时流量的脉动最小。现在广泛采用“等加速-等减速”曲线。目前，在国外有些叶片泵上采用了 3 次以上的高次曲线作为过渡曲线。

②叶片倾角：从图 3-6 中可以看到叶片顶部随同转子上的叶片槽沿转子旋转方向转过一角度，即前倾一个角度，其目的是减小叶片和定子内表面接触时的压力角，从而减少叶片和定子间的摩擦磨损。当叶片以前倾角安装时，叶片泵不允许反转。但新的研究成果表明，叶片倾角并非完全必要，某些高压双作用叶片泵的转子槽是径向的，且使用情况良好。

③端面间隙：为了使转子和叶片能自由旋转，它们与配油盘两端面间应保持一定间隙。但间隙过大将使泵的内泄漏增加，容积效率降低。为了提高压力，减少端面泄漏，采取的间隙自动补偿措施是将配油盘的外侧与压油腔连通，使配油盘在液压推力作用下压向转子。泵的工作压力越高，配油盘就越贴紧转子，对转子端面间隙进行自动补偿。

(2)单作用叶片泵

如图 3-7 所示为单作用叶片泵的工作原理。与双作用叶片泵显著不同之处是，单作用叶片泵的定子内表面是一个圆形，转子与定子之间有一偏心量 e，两端的配油盘上只开有一个吸油口和一个压油口。当转子旋转一周时，每一叶片在转子槽内往复滑动一次，每相邻两叶片间的密封工作腔容积发生一次增大和缩小的变化，容积增大时通过吸油口吸油，容积缩小时则通过压油口压油。由于这种泵在转子每转一转过程中，吸油和压油各一次，故称为单作用叶片泵。又因这种泵的转子受到不平衡的径向液压力，故又称为非卸荷式叶片泵，也因此使泵工作压力的提高受到了限制。如果改变定子和转子间的偏心距 e，就可以改变泵的排量，故单作用叶片泵常做成变量泵。

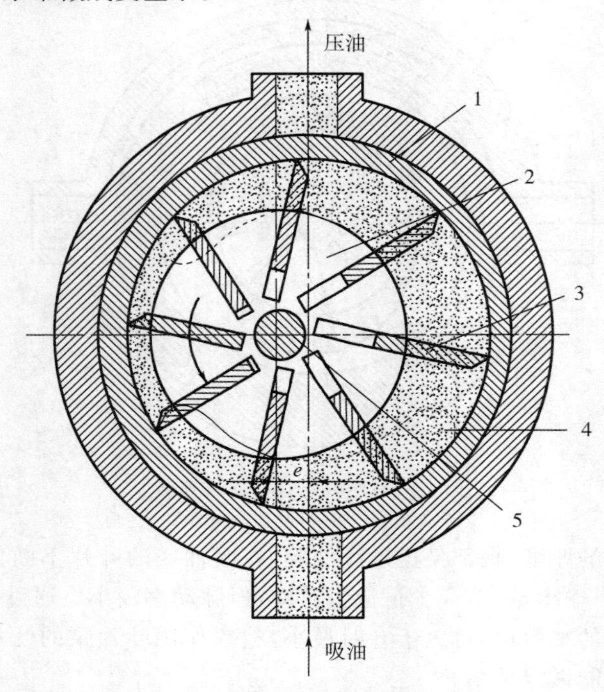

图 3-7　单作用叶片泵的工作原理

1—定子；2—转子；3—叶片；4—配油盘；5—轴

①定子和转子偏心安置：移动定子位置以改变偏心距，就可以调节泵的输出流量。偏心反向时，吸油压油方向也相反。

②叶片后倾：为了减小叶片与定子间的磨损，叶片底部油槽采取在压油区通液压油、在吸油区与吸油腔相通的结构形式，因而，叶片的底部和顶部所受的液压力是平衡的。这样，叶片仅靠旋转时所受的离心力作用向外运动顶在定子内表面上。根据力学分析，叶片后倾一个角度更有利于叶片向外伸出，通常后倾角为 24°。

③径向液压力不平衡：由于转子及轴承上承受的径向力不平衡，所以该泵不宜用于高压，其额定压力不超过 7 MPa。

(3)限压式变量叶片泵

单作用叶片泵的变量方法有手调和自调两种。自调变量泵又根据其工作特性的不同分为限压式、恒压式和恒流量式三类，其中限压式应用较多。

如图 3-8(a)所示为限压式变量叶片泵的工作原理，如图 3-8(b)所示为其特性曲线。转子的中心 O_1 是固定的，定子 2 可以左右移动，在弹簧 3 的作用下，定子被推向右端，使定子中心 O_2 和转子中心 O_1 之间有一初始偏心量 e_0，它决定了泵的最大流量。e_0 的大小可用调节螺钉 6 调节。泵的出口压力 p 经泵体内通道作用于有效面积为 A 的柱塞 5 上，使柱塞对定子 2 产生一作用力 p_A。泵的限定压力 p_B 可通过调节螺钉 4，改变弹簧 3 的压缩量来获得，设弹簧 3 的预紧力为 F_S。

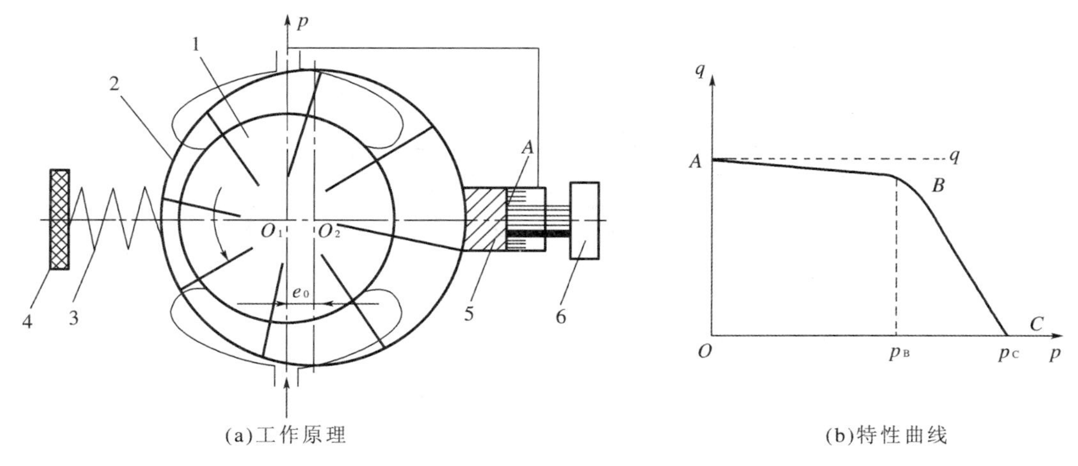

(a)工作原理　　(b)特性曲线

图 3-8　限压式变量叶片泵的工作原理及特性曲线

1—转子；2—定子；3—弹簧；4,6—调节螺钉；5—柱塞；A—有效面

当泵的工作压力小于限定压力 p_B 时，则 $p_A < F_S$，此时定子不移动，最大偏心量 e_0 保持不变，泵输出流量基本上维持最大，如图 3-9(b)所示，曲线 AB 段稍有下降是泵的流量泄漏所引起；当泵的工作压力升高而大于限定压力 p_B 时，$p_A \geqslant F_S$，定子左移，偏心量减小，泵的流量也减小。泵的工作压力越高，偏心量就越小，泵的流量也就越小；当泵的压力达到极限压力 p_C 时，偏心量接近于零，泵不再有流量输出。

3. 柱塞泵

柱塞泵是依靠柱塞在缸体内往复运动，使密封工作腔容积产生变化来实现吸油、压油的。由于其主要构件柱塞与缸体的工作部分均匀为圆柱表面，因此加工方便，配合精度高，密封性能好。同时，柱塞泵的主要零件处于受压状态，使材料强度性能得到充分利用，故柱塞泵常做成高压泵。而且，只要改变柱塞的工作行程就能改变泵的排量，易于实现单向或双向变量。所以，柱塞泵具有压力高、结构紧凑、效率高及流量调节方便等优点。其缺点是结构较为复杂，有些零件对材料及加工工艺的要求较高，因而在各类容积式泵中，柱塞泵的价格最高。柱塞泵常用于需要高压大流量和流量需要调节的液压系统，如龙门刨床、拉床、液压机、起重机械等设备的液压系统。

柱塞泵按柱塞排列方向的不同，分为径向柱塞泵和轴向柱塞泵。

(1)径向柱塞泵

如图 3-9 所示为径向柱塞泵的工作原理。径向柱塞泵由转子 1、定子 2、柱塞 3、配油铜套 4、配油轴 5 等主要零件组成。柱塞 3 沿径向均匀分布地安装在转子 1 上。配油铜套 4 和转子 1 紧密配合，并套装在配油轴 5 上，配油轴 5 是固定不动的。转子 1 连同柱塞 3 由电动机带动一起旋转。柱塞 3 靠离心力(有些结构是靠弹簧或低压补油作用)紧压在定子 2 的内壁面上。由于定子 2 和转子 1 之间有一偏心距 e，所以当转子按图 3-10 所示方向旋转时，柱塞 3 在上半周内向外伸出，其底部的密封容积逐渐增大，产生局部真空，于是通过固定在配油轴 5 上的吸油口 a 吸油。当柱塞 3 处于下半周时，柱塞底部的密封容积逐渐减小，通过配油轴 5 上的压油口 b 把油液压出。转子转一周，每个柱塞各吸、压油一次。若改变定子和转子的偏心距 e，则泵的输出流量也改变，即径向柱塞变量泵；若偏心距 e 从正值变为负值，则进油口和压油口互换，即双向径向变量柱塞泵。

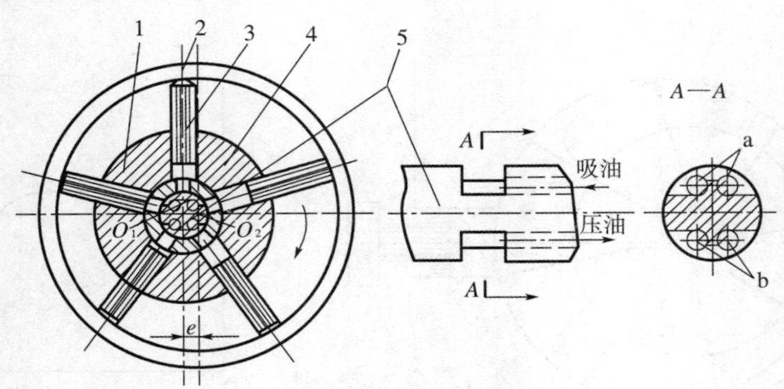

图 3-9 径向柱塞泵的工作原理

1—转子；2—定子；3—柱塞；4—配油铜套；5—配油轴；

a—吸油口；b—压油口

径向柱塞泵的输出流量是脉动的。理论与实验分析表明，柱塞的数量为奇数时流量脉动小，因此，径向柱塞泵柱塞的个数通常是 7 个或 9 个。

径向柱塞泵输油量大，压力高，性能稳定，耐冲击性能好，工作可靠。但其径向尺寸大，结构较复杂，自吸能力差，且配油轴受到不平衡液压力的作用，柱塞顶部与定子内表面为点接触，容易磨损，这些都限制了它的应用，已逐渐被轴向柱塞泵替代。

(2)轴向柱塞泵

如图 3-10 所示为轴向柱塞泵的工作原理。轴向柱塞泵的柱塞平行于缸体轴线。它主要由斜盘 1、柱塞 2、缸体 3、配油盘 4、配油轴 5 和弹簧 6 等零件组成。斜盘 1 和配油盘 4 固定不动，斜盘法线和缸体轴线间的夹角为 γ。缸体 3 由配油轴 5 带动旋转，缸体上均匀分布了若干个轴向柱塞孔，孔内装有柱塞 2，柱塞在弹簧力作用下，头部和斜盘靠牢。

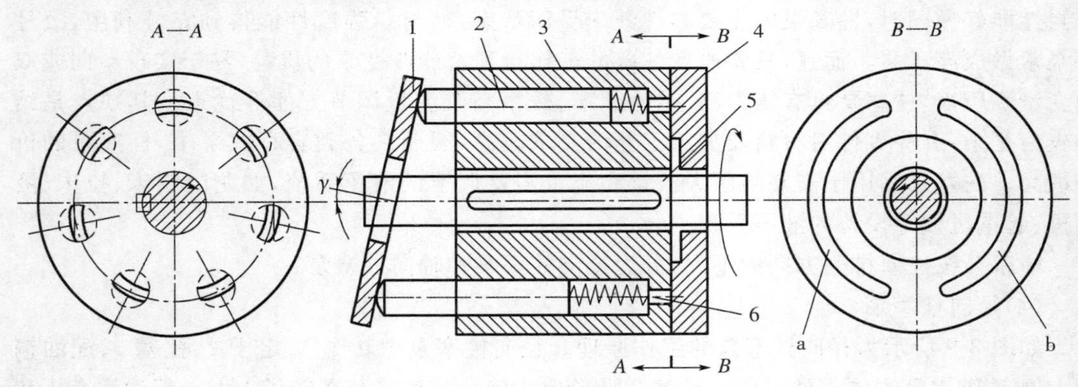

图 3-10 轴向柱塞泵的工作原理

1—斜盘；2—柱塞；3—缸体；4—配油盘；5—配油轴；6—弹簧；a—吸油口；b—压油口

当缸体按如图 3-10 所示方向转动时，由于斜盘和压板的作用，迫使柱塞在缸体内作往复运动，使各柱塞与缸体间的密封容积增大或缩小，通过配油盘上的吸油口 a 和压油口 b 进行吸油和压油。当缸孔自最低位置向前上方转动(前面半周)时，柱塞在转角 $0\sim\pi$ 范围内逐渐向右压入缸体，柱塞与缸体内孔形成的密封容积减小，经配油轴上的压油口 a 而压油；柱塞在转角 $\pi\sim2\pi$(里面半周)范围内，柱塞右端缸孔内密封容积增大，经配油轴上的吸油口 b 而吸油。

如果改变斜盘倾角 γ 的大小，就能改变柱塞的行程长度，也就改变了泵的排量；如果改变斜盘的倾斜方向，就能改变泵的吸压油方向，即双向变量轴向柱塞泵。

任务 2　常用液压泵的性能与选用

液压泵是液压系统提供一定流量和压力的油液动力元件。它是每个液压系统不可缺少的核心元件之一，合理地选择液压泵对于降低液压系统的能耗、提高系统的效率、降低噪声、改善工作性能和保证系统的可靠工作都十分重要。

选择液压泵的原则是：根据主机工况、功率大小和系统对工作性能的要求，首先确定液压泵的类型，然后按系统所要求的压力、流量大小确定其规格型号。液压系统中常用液压泵的主要性能比较见表 3-2。

表 3-2　液压系统中常用液压泵的主要性能比较

性　能	外啮合齿轮泵	双作用叶片泵	限压式变量叶片泵	径向柱塞泵	轴向柱塞泵	螺杆泵
输出压力	低压	中压	中压	高压	高压	低压
流量调节	不能	不能	能	能	能	不能
效率	低	较高	较高	高	高	较高
输出流量脉动	很大	很小	一般	一般	一般	最小
自吸特性	好	较差	较差	差	差	好
双油的污染敏感性	不敏感	较敏感	较敏感	很敏感	很敏感	不敏感
噪声	大	小	较大	大	大	最小

一般来说，由于各类液压泵有各自突出的特点，其结构、功用和运转方式各不相同，因此应根据不同的使用场合选择合适的液压泵。一般在机床液压系统中，往往选用双作用叶片泵和限压式变量叶片泵；而在农业机械、港口机械以及小型工程机械中往往选择抗污染能力较强的齿轮泵；在负载大、功率大的场合往往选择柱塞泵。

思考题与习题

(1)什么是容积式液压泵？其实际工作压力的大小取决于什么？

(2)什么是液压泵的实际流量和额定流量？

(3)齿轮泵的困油现象是怎么引起的？对其正常工作有何影响？如何解决？

(4)低压齿轮泵泄漏的途径有哪些？中高压齿轮泵常采用什么措施来提高工作压力？

(5)为什么称单作用叶片泵为非卸荷式叶片泵，称双作用叶片泵为卸荷式叶片泵？

(6)说明叶片泵的工作原理，并比较说明双作用叶片泵和单作用叶片泵各有什么优缺点。

(7)限压式变量叶片泵的限定压力和最大流量怎样调节？在调节时，其压力流量曲线将怎样变化？

(8)叶片泵能否实现正、反转？请说出理由并进行分析。

项目4 液压执行元件的选用

项目引导

本项目主要介绍液压执行元件，主要包括液压缸的工作原理和选用、液压马达的工作原理和选用等内容。液压缸是液压系统中常用的执行元件，它的用是将液体的压力能转化成机械能，使运动件实现直线往复运动或摆动。

相关知识

任务1　液压缸的工作原理和选用

液压缸按结构特点不同可分为活塞式、柱塞式、伸缩套筒式和摆动式等。

一、活塞式液压缸

活塞式液压缸可分为双杆和单杆两种结构形式。

1. 双杆活塞式液压缸

双杆活塞式液压缸的活塞两端都带有活塞杆，其安装有缸体固定和活塞杆固定两种形式，如图4-1所示。

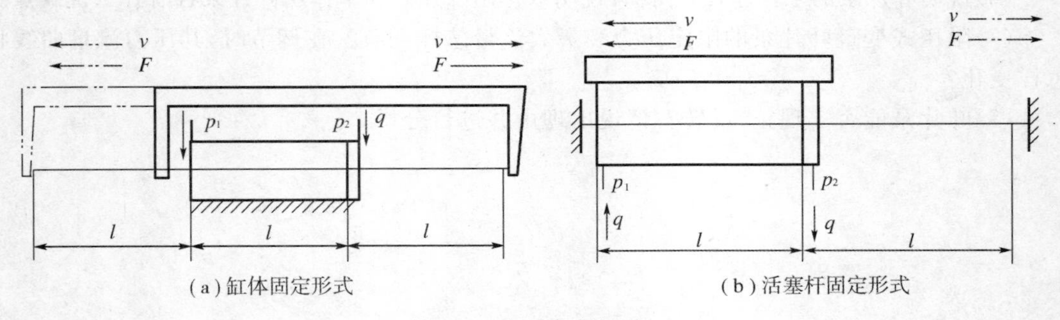

(a)缸体固定形式　　(b)活塞杆固定形式

图4-1　双杆活塞式液压缸

因为双杆活塞式液压缸的两活塞杆直径相等，所以当输入流量和油液压力不变时，其往返运动速度和推力相等，则缸的运动速度 v 和推力 F 分别为

$$v=\frac{q}{A}=\frac{4q\eta_V}{\pi(D^2-d^2)} \tag{4-1}$$

$$F=\frac{\pi}{4}(D^2-d^2)(p_1-p_2)\eta_m \tag{4-2}$$

式中　p_1、p_2——缸的进、回油压力；

η_V、η_m——缸的容积效率、机械效率；

D、d——活塞直径、活塞杆直径；

q——输入流量；

A——活塞有效工作面积。

这种液压缸常用于要求往返运动速度相同的场合。

2. 单杆活塞式液压缸

单杆活塞式液压缸的活塞仅一端带有活塞杆，活塞双向运动可以获得不同的速度和输出力，如图4-2所示。

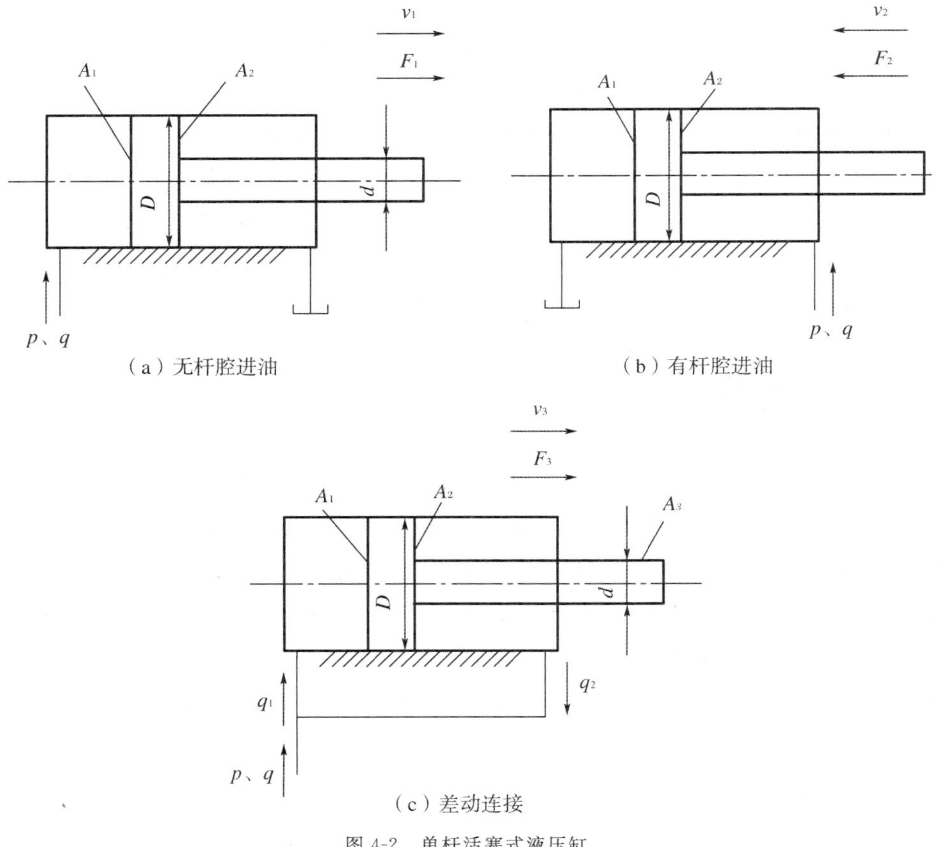

图4-2　单杆活塞式液压缸

（1）如图4-2(a)所示，当无杆腔进油时，活塞的运动速度 v_1 和推力 F_1 分别为

$$v_1=\frac{q}{A_1}\eta_V=\frac{4q}{\pi D^2}\eta_V \tag{4-3}$$

$$F_1=(p_1A_1-p_2A_2)\eta_m=\frac{\pi}{4}[D^2p_1-(D^2-d^2)p_2]\eta_m \tag{4-4}$$

(2)如图 4-2(b)所示，当有杆腔进油时，活塞的运动速度 v_2 和推力 F_2 分别为

$$v_2=\frac{q}{A_2}\eta_V=\frac{4q}{\pi(D^2-d^2)}\eta_V \tag{4-5}$$

$$F_2=(p_1A_2-p_2A_1)\eta_m=\frac{\pi}{4}[(D^2-d^2)p_1-D^2p_2]\eta_m \tag{4-6}$$

式中符号意义同式(4-1)、式(4-2)。

比较上述各式，可以看出：$v_2>v_1$，$F_1>F_2$。液压缸往复运动时的速度比为

$$\psi=v_2/v_1=D^2/(D^2-d^2) \tag{4-7}$$

式(4-7)表明，活塞杆直径越小，速度越接近 1，在两个方向上的速度差值就越小。

(3)如图 4-2(c)所示，当液压缸差动连接时，活塞的运动速度 v_3 为

$$v_3=\frac{q}{A_1-A_2}\eta_V=\frac{4q}{\pi d^2}\eta_V \tag{4-8}$$

在忽略两腔连通油路压力损失的情况下，差动连接液压缸的推力 F_3 为

$$F_3=p_1(A_1-A_2)\eta_m=\frac{\pi}{4}d^2p_1\eta_V \tag{4-9}$$

当单杆活塞式液压缸两腔同时通入液压油时，由于无杆腔的有效作用面积大于有杆腔的有效作用面积，使得活塞向右的作用力大于向左的作用力，因此，活塞向右运动，活塞杆向外伸出；与此同时，又将有杆腔的油液挤出，使其流进无杆腔，从而加快了活塞杆的伸出速度，单杆活塞式液压缸的这种连接方式被称为差动连接。差动连接时，液压缸的有效作用面积是活塞杆的横截面积，工作台运动速度比无杆腔进油时的速度大，而输出力则减小。差动连接是在不增大液压泵容量和功率的条件下，实现快速运动的有效办法。

二、柱塞式液压缸

如图 4-3(a)所示为柱塞式液压缸的结构简图。柱塞式液压缸由柱塞 1、缸筒 2、导向套、密封圈和压盖等零件组成。柱塞和缸筒内壁不接触，因此缸筒内孔不需要精加工，工艺性好，成本低。柱塞式液压缸是单作用的，它的回程需要借助自重或弹簧等其他外力来完成。如果要获得双向运动，可将两柱塞式液压缸成对使用，如图 4-3(b)所示。柱塞式液压缸的柱塞端面是受压面，其面积大小决定了柱塞式液压缸的输出速度和推力。为保证柱塞式液压缸有足够的推力和稳定性，一般柱塞较粗，重量较大，水平安装时易产生单边磨损，故柱塞式液压缸适于垂直安装使用。为减轻柱塞的重量，有时制成空心柱塞。

一般单作用液压缸大多是柱塞式。柱塞式液压缸比活塞式液压缸结构简单，适用于工作行程较长的场合，如大型拉床、矿用液压支架等。

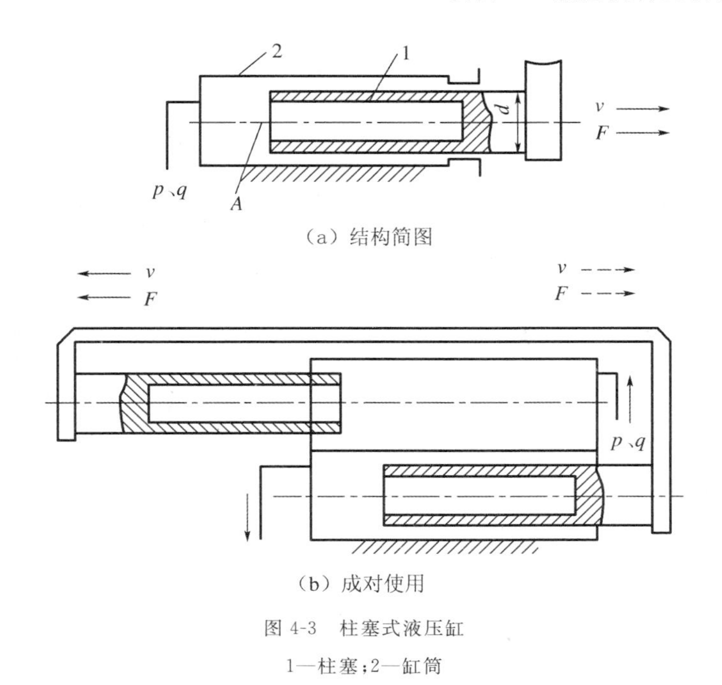

(a) 结构简图

(b) 成对使用

图 4-3　柱塞式液压缸

1—柱塞;2—缸筒

三、伸缩套筒式液压缸

伸缩套筒式液压缸的特点是行程长而体积紧凑。工作时行程可以很长,不工作时可以缩得很短。各级套筒(或活塞)伸出的顺序是从小到大,而空载缩回时的顺序一般是从大到小,液压油的有效作用面积是追加变化的。因此,在伸缩套筒式液压缸工作过程中,若工作压力与流量保持不变,则液压缸的推力与速度也是逐级变化的。

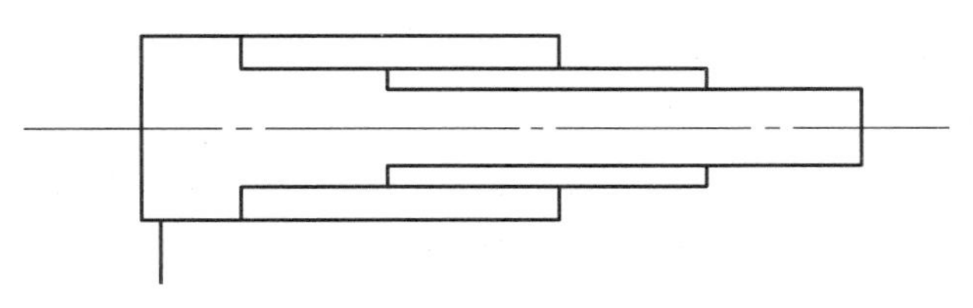

图 4-4　伸缩套筒式液压缸

四、摆动式液压缸

摆动式液压缸是执行往复回转摆动的执行元件。结构上有很多种形式,常用的有单叶片和双叶片两种。摆动式液压缸由于能直接输出转矩,故又称为摆动式液压马达。它适用于半回转机械的回转机构。

如图 4-5 所示,缸体 4 上有固定叶片 3,动叶片 1 与回转轴 2 连接在一起。动叶片和固定叶片将缸分隔成互不相通的两个腔,当液压油交替地向两腔供油时,动叶片在液压油推动下带回转轴往复运动。单叶片摆动式液压缸的回转角小于 280°;双叶片摆动式液压缸的回转角小于 100°。

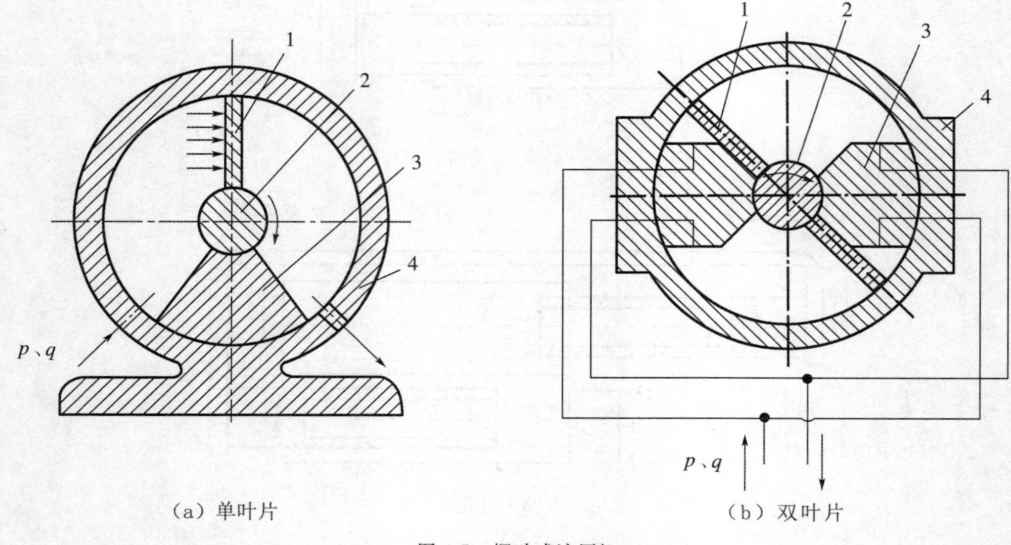

图 4-5 摆动式液压缸

1—动叶片;2—自转轴;3—固定叶片;4—缸体

任务 2 液压马达的工作原理和选用

一、液压马达的分类

液压马达与液压泵的工作原理是可逆的,分类方法基本相同。即按其结构形式分为齿轮式、叶片式和柱塞式,按其排量是否可调分为变量式和定量式,按其转速又分为高速液压马达(高于 500 r/min)和低速液压马达(低于 500 r/min)。

高速液压马达的基本形式主要有齿轮式、叶片式、轴向柱塞式和螺杆式等。低速液压马达的基本形式有径向柱塞式、斜盘式柱塞、双作用叶片式等。

二、液压马达的工作原理及应用

1. 叶片式液压马达

如图 4-6 所示为叶片式液压马达的工作原理。当液压油从配油窗口通入进油腔后,叶片 2、6 在压油腔,叶片两边所受作用力相等,不产生转矩,而叶片 3、7 和 1、5 处在封油区,一面为高压油作用,另一面为低压油作用,叶片 3、7 的伸出量比叶片 1、5 长,虽然压力一样,但因作用面积不同,作用于叶片 3、7 的总液压力比作用于叶片 1、5 的总液压力大,转子因而产生顺势转动。输出转矩大小与排量和进、出口压力差有关。

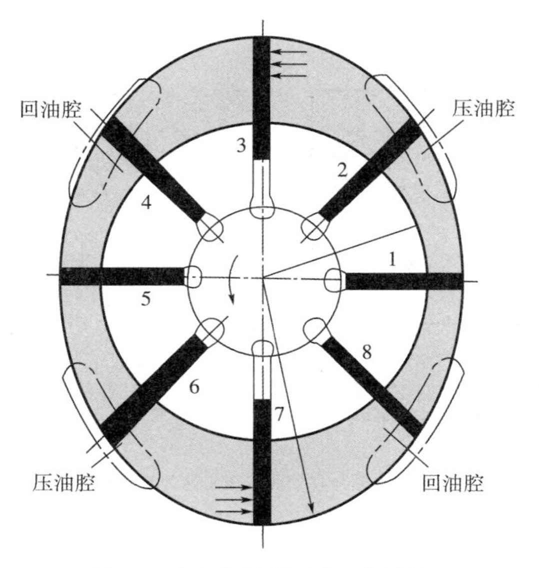

图 4-6　叶片式液压马达的工作原理

为了满足正、反转的要求，叶片沿径向安放无倾角，进、回油口通径一样大，叶片根部必须与进油腔相通，使叶片与定子内表面接触紧密。为保证接触良好，在叶片根部的液压油路上应安装单向阀，并在根部安装预紧弹簧。

叶片式液压马达的主要优点是体积小，转动惯量小，转速高，动作灵敏，易启动和制动，便于调速和换向；缺点是启动转矩较低，泄漏量大，低速稳定性差。适用于换向频繁、高转速、低转矩和动作要求灵敏的场合。

2. 轴向柱塞式液压马达

轴向柱塞式液压马达在机床液压系统中应用较多，其结构和轴向柱塞泵基本相同。如图 4-7 所示为轴向柱塞式马达的工作原理。斜盘 1 和配油盘 4 固定不动，转子(缸体)3 和液压马达传动轴用键相连，并一起转动。斜盘与缸体两者轴线倾斜夹角为 γ，柱塞 2 轴向安装在缸体 3 内。当液压油通过配油盘窗口输入缸体柱塞孔中时，液压油对柱塞产生作用力，将柱塞顶出，紧紧顶在斜盘端面上，斜盘给每个柱塞的反作用力 F 是垂直于斜盘断面的，压力分解为两个分力，即轴向分力与柱塞上液压推力相平衡，径向分力与柱塞轴线垂直，且对缸体轴线产生转矩，从而驱动马达轴逆时针转动，输出转矩和转速。改变输油方向，液压马达作顺时针转动。改变倾角就可改变排量，成为变量马达。

轴向分力 F_x 为

$$F_x=\frac{\pi}{4}d^2 p \tag{4-10}$$

径向分力 F_y 为

$$F_x=F_x\tan\gamma=\frac{\pi}{4}d^2 p\tan\gamma \tag{4-11}$$

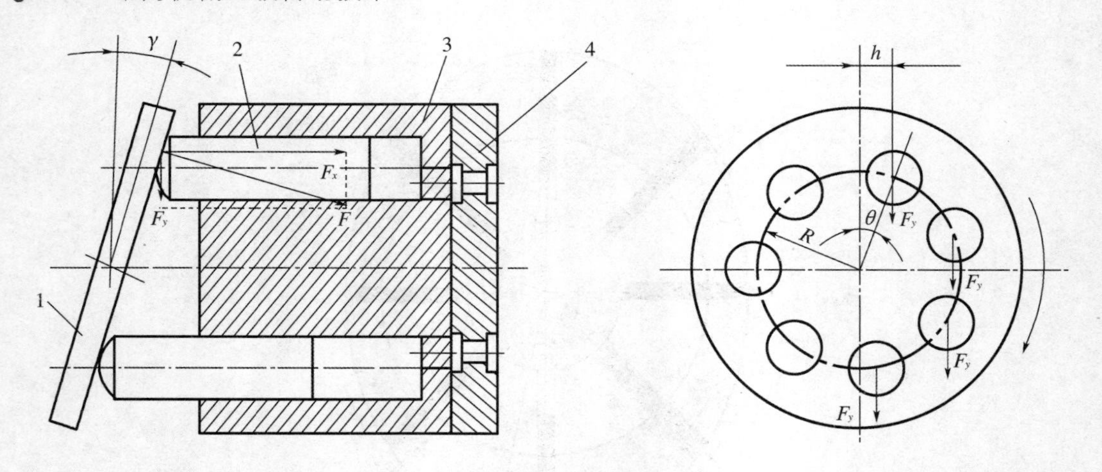

图 4-7 轴向柱塞式液压马达的工作原理

1—斜盘；2—柱塞；3—缸体；4—配油盘

径向分力 F_y 使处于压油区的每个柱塞对缸体轴线产生一个转矩，其大小由柱塞在进油区所处位置决定，这些转矩的总和驱动缸体带动液压马达输出油液和转矩作逆时针旋转。则瞬时转矩为

$$T_{M1}=F_yL=\frac{\pi}{4}d^2 p\tan\gamma R\sin\theta \tag{4-12}$$

而总理论转矩为所有与进油口相同的柱塞转矩之和，即

$$T_M=\sum\left(\frac{\pi}{4}d^2 p\tan\gamma R\sin\theta\right) \tag{4-13}$$

由式(4-12)和式(4-13)可知，转矩是随柱塞转角 θ 的变化而变化的，即总转矩是脉动的。柱塞数越多，且柱塞数为奇数时脉动越小。其结构与柱塞式液压泵基本相同。但为适应正、反转要求，配油盘应做成对称结构。进、回油口通径相等，以避免影响马达的正、反转性能。

三、液压马达的主要性能参数

1. 压力、排量和流量

压力、排量、流量均是指液压马达进油口处的输入值，它们的定义与液压泵相同。

2. 转速与容积效率

与液压泵不同，液压马达中输入的实际流量因泄漏等损失要比理论流量大，所以容积效率为

$$\eta_{MV}=\frac{q_{Mt}}{q_{Mn}}=\frac{V_{Mn}}{V_{Mn}+\Delta q_M} \tag{4-14}$$

式中 q_{Mt}——液压马达理论流量；

q_{Mn}——液压马达实际流量。

液压马达的转速 n_M 为

$$n_M=\frac{q_M}{V_m}\eta_{MV} \tag{4-15}$$

式中　V_m——液压马达排量。

在实际工程中，液压马达转速和液压泵的转速一样，计算单位也用转速(r/min)表示。

当液压马达转速过低时，就保证不了均匀的速度，转动时会产生时动时停的不稳定状态，即爬行现象。一般要求高速液压马达最低转速为 10 r/min 以下，低速液压马达最低转速为 3 r/min 以下。

3. 转矩和机械效率

进入液压马达的流量通过传动轴输出转矩。但实际上因机械摩擦损失，液压马达的实际输出转矩要比理论输出转矩小，所以，机械效率为

$$\eta_{Mm}=\frac{T_M}{T_{Mt}}=\frac{2\pi T_M}{p_M V_M} \tag{4-16}$$

输出转矩为

$$T_M=T_{Mt}\eta_{Mm}=\frac{p_M V_M}{2\pi}\eta_{Mm} \tag{4-17}$$

式中　T_M——液压马达实际输出转矩；

T_{Mt}——液压马达理论转矩；

p_M——液压马达输出工作压力。

4. 液压马达功率和总效率

液压马达输入功率为液压能，输出功率为机械能。输入功率为

$$P_M=p_M q_M \tag{4-18}$$

输出功率为

$$P_{MO}=\omega T_M=2\pi n_M T_M \tag{4-19}$$

若不考虑能量损失，则两者相等。但实际是有损失的，所以，液压马达的总效率为

$$\eta_M=\frac{P_{MO}}{P_M}=\frac{2\pi n_M T_M}{p_M q_M} \tag{4-20}$$

将 $q_M=\dfrac{V_M\eta_M}{\eta_{MV}}$代入式(4-20)，得

$$\eta_M=\frac{2\pi n_M T_M}{p_M\dfrac{V_M n_M}{\eta_{MV}}}=\eta_n\eta_{MV} \tag{4-21}$$

由此可知，液压马达总效率和泵相同，也是机械效率和容积效率的乘积。

例　某液压马达的进油压力为 10 MPa，排量为 0.2 L/r，总效率为 0.75，机械效率为 0.9，试计算：

(1)该液压马达所能输出的理论转矩；

(2)若该液压马达的转速为 500 r/min，则输入液压马达的流量是多少？

(3)若外负载为 200 N·m(n=500 r/min)，则液压马达的输入功率和输出功率各为多少？

解　(1)理论转矩

$$T_t=\frac{pV}{2\pi}=\frac{10\times10^6\times0.2\times10^{-3}}{2\pi}=318.5\ \text{N}\cdot\text{m}$$

(2)转速 n=500 r/min 时，液压马达的理论流量为

$$q_t = Vn = 0.2 \times 500 = 100\ \text{L/min}$$

因为容积效率为

$$\eta_{mV} = \frac{\eta}{\eta_{Mm}} = \frac{0.75}{0.9} = 0.83$$

所以输入流量为

$$q = \frac{q_t}{\eta_{mV}} = \frac{100}{0.83} = 120.5\ \text{L/min}$$

(3)当压力为 10 MPa 时，它输出的实际转矩为 318.5×0.9＝286.7 N·m。若外负载为 200 N·m，压力差（即液压马达进口压力）将下降，不是 10 MPa，而是 $\frac{200 \times 10 \times 10^6}{286.7} = 6.98 \times 10^6$ Pa，所以，此时液压马达的输入功率为

$$P_{Mt} = \frac{6.98 \times 10^6 \times 200 \times 10^{-6} \times 500}{60 \times 0.83 \times 10^3} = 14\ \text{kW}$$

输出功率为

$$P = P_{Mt}\eta = 14 \times 0.75 = 10.5\ \text{kW}$$

四、液压马达的选用

液压马达与液压泵的工作原理可逆，理论上可以通用，选择原则上也大体相同。因用途不同，它们在结构上有一定的差别。选择时注意两者结构上的异同，有的不能互换使用。

一般尽量采用电动机，原因是液压马达成本高、结构复杂。若结构要求特别紧凑和大范围的无级调速，则更适合选用液压马达。一般精度差、价格低、效率低的场合可用齿轮式马达；而高速、小转矩及要求动作灵敏的工作场合，如磨床液压系统，宜采用叶片式液压马达；低速、大转矩、大功率的场合，如液压伺服系统，宜采用柱塞马达。

液压马达在选择时应尽量与液压泵匹配，减少损失，提高效率。要注意以下几点：

1. 液压马达的启动性能

不同类型液压马达，内部受力部件的力平衡性不同，摩擦力也不同，所以启动机械效率不同，有的差别较大。如齿轮式的启动机械效率只有 0.6 左右，而高性能、低速、大转矩的马达可达 0.9 左右。

2. 液压马达的转速及低速稳定性

液压马达转速决定于供油的流量及液压马达本身的排量。所以要提高容积效率，必须注意密封性要好。泄漏太多，低速时转速转矩不稳定。所以要选用高性能的液压马达，如低速、大转矩液压马达。

3. 调速范围

负载从低速到高速在很宽的范围内工作时，其调速范围越大越好，否则还需加装变速机构，使传动机构复杂化。调速范围为允许的最大和最小转速之比值。调速范围宽的液压马达不但有好的低速稳定性，还有好的高速性能。

思考题与习题

(1)常用液压缸有哪些类型？结构上有何不同？

(2)简述液压缸内径 D 和活塞直径 d 的选用原则。

(3)活塞与活塞杆是怎样连接的？

(4)液压缸的缓冲装置有哪些？

(5)简述液压马达的工作原理。

(6)选用液压缸和液压马达应遵循什么原则？

项目5 液压辅助元件的选用

项目引导

液压系统中没有能量转化的部分就是辅助部分，它只传递能量，但是它也是不可或缺的。油箱的基本功用、各类管件的接头方式、蓄能器的作用都为液压系统的正常运行起到了重要的作用。

相关知识

任务1 过滤器的选用

一、选用过滤器的基本要求

1. 过滤精度

过滤精度表示过滤器对各种不同尺寸的污染颗粒的滤除能力，用绝对过滤精度、过滤比和过滤效率等指标来评定。

绝对过滤精度是指通过滤芯滤过的最大坚硬球状颗粒的尺寸(y)。过滤比(β_x)是指过滤器上游油液单位容积中大于某给定尺寸的颗粒数与下游油液单位容积中大于同一尺寸的颗粒数之比，即对于某一尺寸 x 的颗粒来说，其过滤比 β_x 的表达式为

$$\beta_x = N_u / N_d \tag{5-1}$$

式中 N_u——上游油液中大于某一尺寸 x 的颗粒浓度；

N_d——下游油液中大于某一尺寸 x 的颗粒浓度。

从式(5-1)可看出，β_x 越大，过滤精度越高。当过滤比达到 75 时，y 即被认为是过滤器的绝对过滤精度。过滤比能确切地反映过滤器对不同尺寸颗粒污染物的过滤能力。它已被国际标准化组织采纳作为评定过滤器过滤精度的性能指标。一般要求系统的过滤精度小于运动副间隙的一半。此外，压力越高，对过滤精度要求越高。其推荐值见表 5-1。

表 5-1 过滤精度推荐值

系统类别	润滑系统	传动系统			伺服系统
工作压力/MPa	0～2.5	≤14	14～21	≤21	>21
过滤精度/μm	100	25～50	25	10	5

过滤效率 E_c 可以由过滤比 β_x 直接换算出来，即

$$E_c = (N_u - N_d)/N_u = 1 - 1/\beta_x \tag{5-2}$$

2. 压降特性

液压回路中的过滤器对油液流动来说是一种阻力，因而油液通过滤芯时必然要出现压降。一般来说，在滤芯尺寸和流量一定的情况下，滤芯的过滤精度越高，压降越大；在流量一定的情况下，滤芯的有效过滤面积越大，压降越小；油液的黏度越大，流经滤芯的压降也越大。

滤芯所允许的最大压降，应以不致使滤芯元件发生结构性破坏为原则。在高压系统中，滤芯在稳定状态下工作时承受到的仅仅是它那里的压降，这就是为什么纸质滤芯亦能在高压系统中使用的道理。油液流经滤芯时的压降，大部分是通过实验或经验公式来确定的。

3. 纳垢容量

纳垢容量是指过滤器在压降达到其规定限值之前可以滤除并容纳的污染物数量。这项性能指标可以用多次通过性实验来确定。过滤器的纳垢容量越大，使用寿命越长，所以它是反映过滤器寿命的重要指标。一般来说，滤芯尺寸越大，即过滤面积越大，纳垢容量就越大。增大过滤面积，可以使纳垢容量成比例地增加。

过滤器过滤面积 A 的表达式为

$$A = \frac{q\mu}{a\Delta p} \tag{5-3}$$

式中 q——过滤器的额定流量，L/min；

μ——油液的黏度，Pa·s；

Δp——压降，Pa；

a——过滤器单位面积通过能力，L/cm^2，由实验确定。

在 20 ℃时，对特种滤网，$a=0.003 \sim 0.006$；对纸质滤芯，$a=0.035$；对线隙式滤芯，$a=10$；对一般网式滤芯，$a=2$。式(5-3)清楚地说明了过滤面积与油液的流量、黏度、压降和滤芯形式的关系。

二、过滤器的类型

1. 按滤芯的结构分类

过滤器按滤芯的结构可分为网式、线隙式、纸芯式、烧结式和磁性过滤器。

(1)网式过滤器

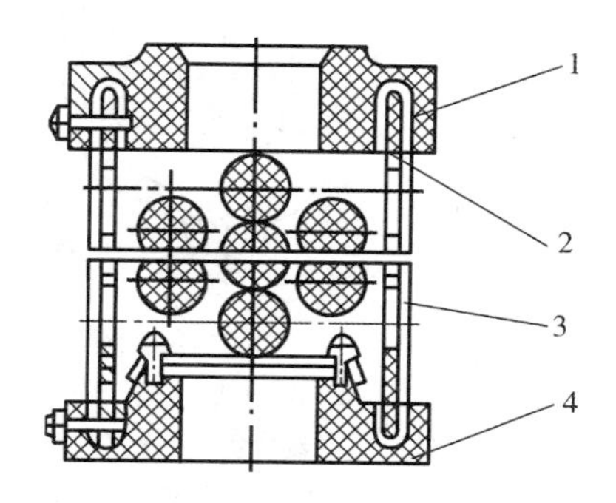

图 5-1 网式过滤器

1—上盖；2—圆筒；3—铜丝网；4—下盖

如图 5-1 所示为网式过滤器，它由上盖 1、下盖 4、开有很多圆孔的金属或塑料圆筒 2 和包在圆筒上的一层或两层铜丝网 3 组成。其过滤精度由网孔的大小和层数决定，有 80 μm、100 μm 和 180 μm 三种规格。网

式过滤器结构简单，清洗方便，通油能力大，压力损失小（不超过 0.04 MPa），但过滤精度低。常用于泵的吸油管道，对油液进行粗过滤。

（2）线隙式过滤器

如图 5-2 所示为线隙式过滤器。它由铜线或铝线密绕在筒形芯架 1 的外部而成的滤芯 2 和壳体 3 组成。流入壳体内的油液经线间缝隙流入滤芯内，再从上部孔道流出。这种过滤器的过滤精度为 30～100 μm，常安装在压力管道上，用以保护系统中较精密或易堵塞的液压元件，其通油压力可达 6.3～32 MPa。用于吸油管道上的线隙式过滤器没有外壳，过滤精度为 50～100 μm，压力损失为 0.03～0.06 MPa，其作用是保护液压泵。线隙式过滤器过滤效果好，结构简单，通油能力大，机械强度高，但不易清洗。

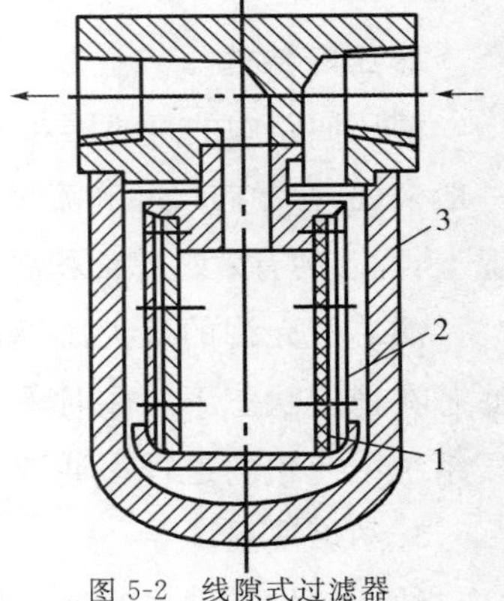

图 5-2 线隙式过滤器

1—芯架；2—滤芯；3—壳体

（3）纸芯式过滤器

纸芯式过滤器如图 5-3 所示，其结构与线隙式过滤器类似，只是滤芯的材质和结构不同。它的滤芯有三层：外层为粗眼钢板网，中层为折叠成 W 形的滤纸，内层由金属丝网与滤纸折叠而成。这样就提高了滤芯的强度，增大了滤芯的过滤面积，延长了其使用寿命。它的过滤精度可达 5～30 μm，主要用于精密机床、数控机床、伺服机构、静压支承等要求过滤精度高的液压系统中。它常与其他类型的过滤器配合。

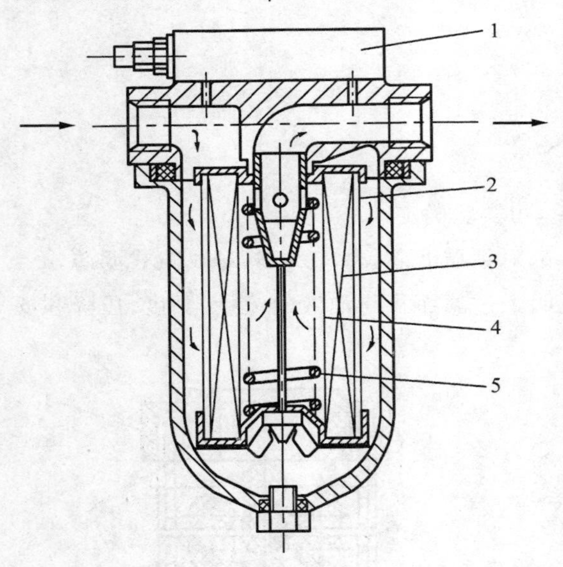

图 5-3 纸芯式过滤器

1—堵塞状态发讯装置；
2—纸芯外层；3—纸芯中层；
4—纸芯内层；5—支承弹簧

高压纸芯式过滤器的通油压力可达 32 MPa，主要用于压力管道中。低压纸芯式过滤器的通油压力为 1.6 MPa，主要用于回油管道或低压系统中。纸芯式过滤器结构紧凑，通过油能力大，过滤精度高，纸芯价格低。其缺点是无法清洗，需经常更换滤芯。

多数纸芯式过滤器上均装有堵塞状态发讯装置。当滤芯堵塞，其进、出口压差升高到规定值时，指示灯发出警报信号，操作者即可及时更换滤芯，或由时间继电器延时一段时间后实现自动停机保护。

（4）烧结式过滤器

如图 5-4 所示为烧结式过滤器。它由端盖 1、壳体 2 和滤芯 3 组成。其滤芯是由青铜颗粒，用粉末冶金烧结工艺高温烧结而成的。它利用颗粒间的微孔滤去油中的杂质，其过滤精度为 10～100 μm，压力损失为 0.3～0.2 MPa。其滤芯可制成杯状、管状、板状和蝴蝶状等多种形状。烧结式过滤器的优点是强度大，性能稳定，抗冲击性能好，能耐高温，过滤精度高，制造比较简单；其缺点是清洗困难，若有颗粒脱落，会影响过滤精度。它主要用于工程机械等设备的液压系统中。

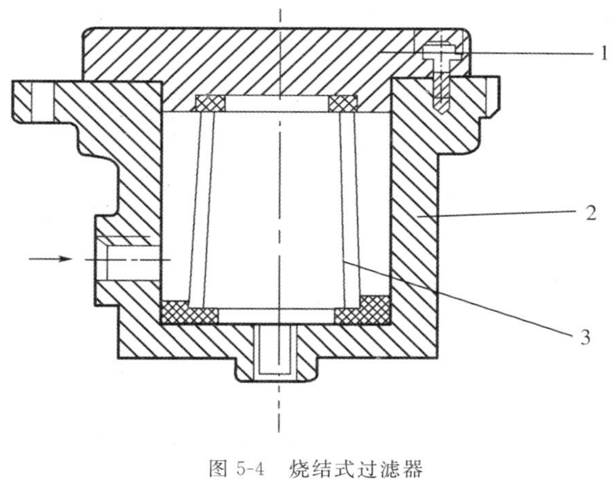

图 5-4　烧结式过滤器

1—端盖；2—壳体；3—滤芯

(5)磁性过滤器

磁性过滤器用于滤除油液中的铸铁沫、铁屑等能磁化的杂质，如图 5-5 所示。它由永久磁铁 3、非磁性罩 2 及罩外的多个铁环 1 等零件组成。铁环之间保持一定距离，并用铜条连接。当液流流过磁性过滤器时，能磁化的杂质即被吸附到铁环上而起到滤清作用。为便于清洗，铁环分为两半，清洗时可取下，清洗后再装上，能反复使用。

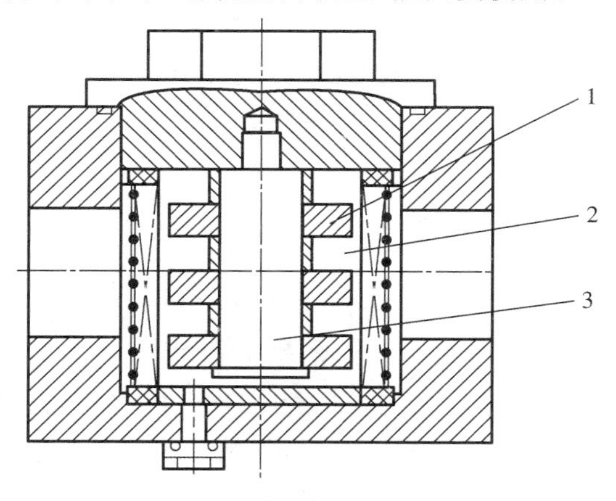

图 5-5　磁性过滤器

1—铁环；2—非磁性罩；3—永久磁铁

磁性过滤器对能磁化的杂质滤除效果很好，特别适用于经常加工铸铁件的机床液压系统。其缺点是维护较复杂。磁性滤芯常与其他过滤材料组成有复合式滤芯的过滤器，如纸质磁性过滤器等，以满足实际生产需要。

2. 按过滤的方式分类

过滤器按过滤的方式可分为表面型、深度型和中间型过滤器。

(1)表面型过滤器

表面型过滤器如图 5-6 所示，其整个过滤作用是由一个几何面来实现的。滤下的污染杂质被截留在滤芯元件靠油液上游的一面。在这里，滤芯材料具有均匀的标定小孔，可以滤除比小孔尺寸大的杂质。由于污染杂质积聚在滤芯表面上，因此它很容易被阻塞住。网式滤芯、线隙式滤芯属于这种类型。

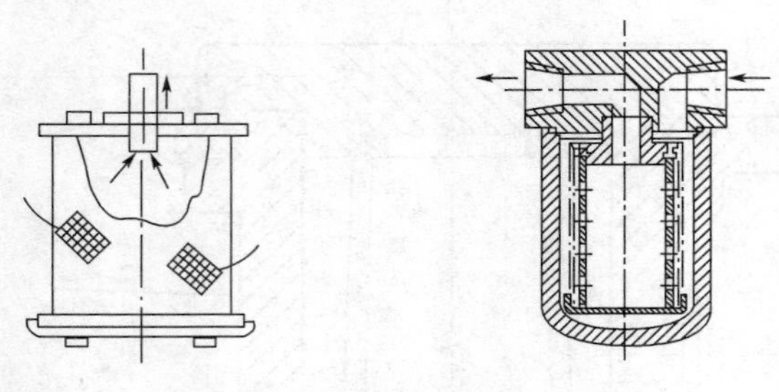

图 5-6 表面型过滤器

(2)深度型过滤器

深度型过滤器如图 5-7 所示。其滤芯材料为多孔可透性材料,内部具有曲折迂回的通道。大于表面孔径的杂质直接被截留在外表面,较小的污染杂质进入滤材内部,撞到通道壁上,由于吸附作用而得到滤除。滤材内部曲折的通道也有利于污染杂质的沉积。纸芯、毛毡、烧结金属、陶瓷和各种纤维制品等属于这种类型。

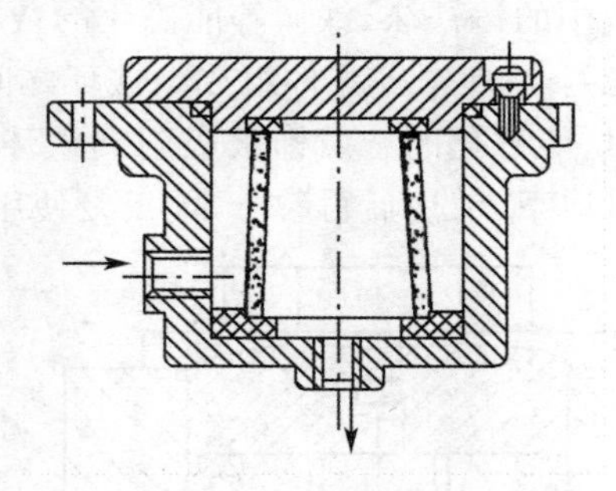

图 5-7 深度型过滤器

(3)中间型过滤器

中间型过滤器如图 5-8 所示,其过滤方式介于上述两者之间,如采用有一定厚度(0.35~0.75 mm)的微孔滤纸制成的滤芯的纸质过滤器。它的过滤精度比较高,一般为 10~20 μm,高精度的可达 1 μm 左右。这种过滤器的过滤精度适用于一般的高压液压系统,它是当前在中高压液压系统中使用最为普遍的精过滤器。为了扩大过滤面积,纸芯做成 W 形,但当纸芯被杂质堵塞后不能清洗时,要更换滤芯。由于这种过滤器阻力损失较大,一般在 0.08~0.35 MPa 范围内,所以只能安在排油管路和回油管路上,不能放在液压泵的进油口。

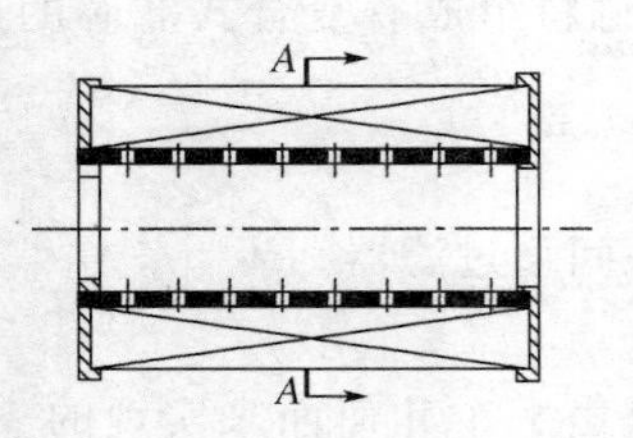

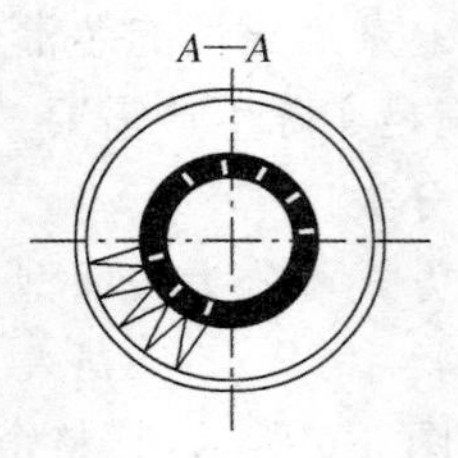

图 5-8 中间型过滤器

3. 按过滤精度分类

过滤器按过滤精度(滤去杂质的颗粒大小)可分为粗过滤器、普通过滤器、精密过滤器和特精过滤器,它们分别能滤去大于100 μm、10～100 μm、5～10 μm和1～5 μm大小的杂质。

三、过滤器的选用

选用过滤器时,要考虑下列几点:

(1)过滤精度应满足预定要求。

(2)能在较长时间内保持足够的通流能力。

(3)滤芯具有足够的强度,不因液压的作用而损坏。

(4)滤芯抗腐蚀性能好,能在规定的温度下持久地工作。

(5)滤芯清洗或更换简便。

因此,过滤器应根据液压系统的技术要求,按过滤精度、通流能力、工作压力、油液黏度、工作温度等条件选定其型号。

四、过滤器的安装位置

过滤器在液压系统中的安装位置通常有以下几种:

(1)安装在泵的吸油口处:泵的吸油路上一般都安装有表面型过滤器,目的是滤去较大的杂质微粒以保护液压泵,此外过滤器的过滤能力应为泵流量的两倍以上,压力损失小于0.02 MPa。

(2)安装在泵的出口油路上:此处安装过滤器的目的是用来滤除可能侵入阀类等元件的污染物。其过滤精度应为10～15 μm,且能承受油路上的工作压力和冲击压力,压降应小于0.35 MPa。同时应安装安全阀以防过滤器堵塞。

(3)安装在系统的回油路上:这种安装起间接过滤作用,一般与过滤器并联安装一背压阀,当过滤器堵塞达到一定压力值时,背压阀打开。

(4)安装在系统分支油路上。

(5)单独过滤系统。

大型液压系统可专设液压泵和过滤器组成独立过滤回路。

液压系统中除了整个系统所需的过滤器外,还常常在一些重要元件(如伺服阀、精密节流阀等)的前面单独安装一个专用的精过滤器来确保它们的正常工作。

任务2　密封装置的选用

一、密封装置的作用和应满足的要求

1. 密封装置的作用

液压系统中密封装置的作用主要是防止液压油的内、外泄漏以及防止灰尘、空气、金属屑等异物进入液压系统。

液压系统如果密封不良，可能使空气进入油腔，影响液压泵的工作性能和液压执行元件运动的平稳性。也可能出现不允许的外泄漏，外泄漏的油液将会污染环境，泄漏严重时，系统容积效率过低，甚至工作压力值达不到要求。液压系统如果密封过度，虽可防止泄漏，但会造成密封部分的剧烈磨损，缩短密封件的使用寿命，增大液压元件内的运动摩擦阻力，降低系统的机械效率。因此，在液压系统的设计中应合理地选用和设计密封装置。

2. 对密封装置的要求

密封装置的性能直接影响液压系统的工作性能，故对密封装置提出以下要求：

(1)在规定的工作压力和温度范围内具有良好的密封性能。

(2)密封件的材料和系统所选用的工作介质要有相容性。

(3)密封件的耐磨性要好，不易老化，寿命长，磨损后在一定程度上能自动补偿。

(4)制造简单，维护、使用方便，价格低廉。

二、密封装置的分类及特点

密封按其工作原理来分可分为非接触式密封和接触式密封。前者主要指间隙密封，后者指密封件密封。常见的密封件有O形密封圈、唇形密封圈、组合密封圈等。

1. 间隙密封

间隙密封是靠相对运动件配合面之间的微小间隙来进行密封的，常用于柱塞、活塞或阀的圆柱配合副中，一般在阀芯的外表面开有几条等距离的均压槽，它的主要作用是使径向压力分布均匀，减小液压卡紧力，同时使阀芯在孔中对中性好，以减小间隙的方法来减少泄漏。同时槽所形成的阻力，对减少泄漏也有一定的作用。均压槽一般宽0.3～0.5 mm，深0.5～1.0 mm。圆柱面配合间隙与直径大小有关，对于阀芯与阀孔一般取0.005～0.017 mm。

间隙密封的优点是摩擦力小，缺点是磨损后不能自动补偿，主要用于直径较小的圆柱面之间，如液压泵内的柱塞与缸体之间、滑阀的阀芯与阀孔之间的配合。

2. O形密封圈

O形密封圈一般用耐油橡胶制成，其横截面呈圆形。它具有良好的密封性能，内外侧和端面都能起到密封作用，且结构紧凑，运动件的摩擦阻力小，制造容易，装拆方便，成本低，在液压系统中得到广泛应用。

O形密封圈的安装沟槽，除矩形外，还有V形、燕尾形、半圆形、三角形等，实际应用中可查阅有关手册及国家标准。

O形密封圈如图5-9所示，其中如图5-9(a)所示为其外形圈，如图5-9(b)所示为装入密封沟槽的情况。δ_1、δ_2为O形密封圈装配后的预压缩量，通常用压缩率W表示，即$W=[(d_0-h)/d_0]\times 100\%$，对于固定密封、往复运动密封和回转运动密封，应分别达到15%～20%、10%～20%和5%～10%，才能取得满意的密封效果。当油液工作压力超过10 MPa时，O形密封圈在往复运动中容易被油液压力挤入间隙而提早损坏，如图5-10(a)所示，为此要在它的侧面安放1.2～1.5 mm厚的聚四氟乙烯挡圈，单向受力时在受力侧的对面安放一个挡圈，如图5-10(b)所示，双向受力时则在两侧各放一个挡圈，如图5-10(c)所示。

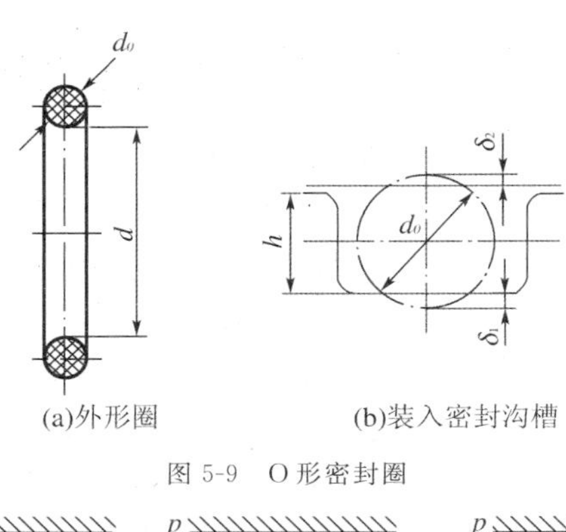

图 5-9 O 形密封圈

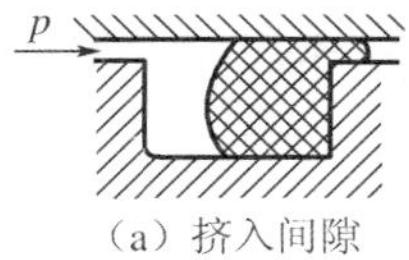

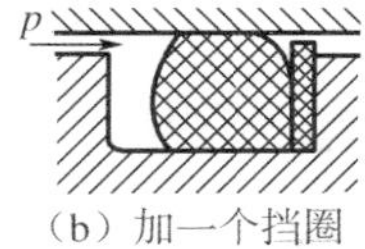

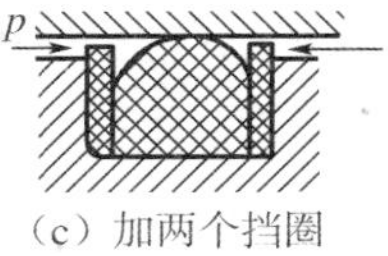

图 5-10 O 形密封圈的挡圈安装

3. 唇形密封圈

唇形密封圈如图 5-11 所示，根据截面的形状可分为小 Y 形、V 形、U 形、L 形等。其工作特点是能随着工作压力的变化自动调整密封性能。压力越高则唇边被压得越紧，密封性越好；当压力降低时唇边压紧程度也随之降低，从而减少了摩擦阻力和功率消耗。除此之外，还能自动补偿唇边的磨损，保持密封性能不降低。

目前，液压缸中普遍使用如图 5-12 所示的小 Y 形密封圈作为活塞和活塞杆的密封。这种小 Y 形密封圈的特点是断面宽度和高度的比值大，增加了底部支承宽度，可以避免摩擦力造成的密封圈的翻转和扭曲。

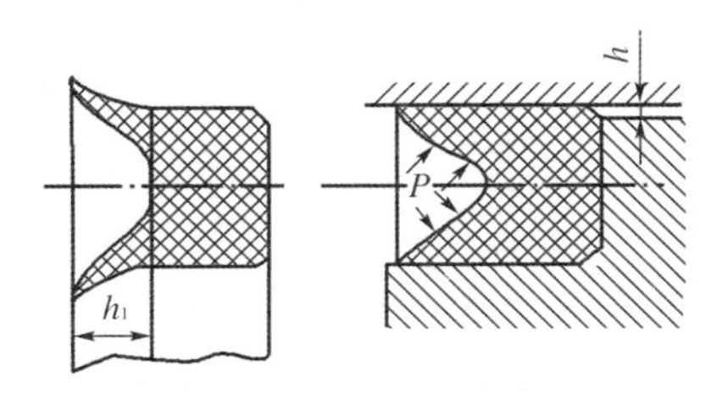

图 5-11 唇形密封圈

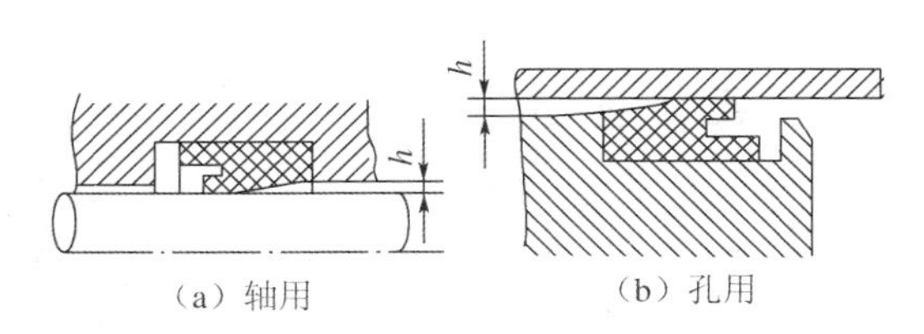

图 5-12 小 Y 形密封圈

在高压和超高压情况（压力大于 25 MPa）下，V 形密封圈也有应用。V 形密封圈如图 5-13 所示。它由多层涂胶织物压制而成，通常由压环、密封环和支承环三个圈叠在一起使用，此时已能保证良好的密封性，当压力更高时，可以增加中间密封环的数量。这种密封圈在安装时要预压紧，所以摩擦阻力较大。

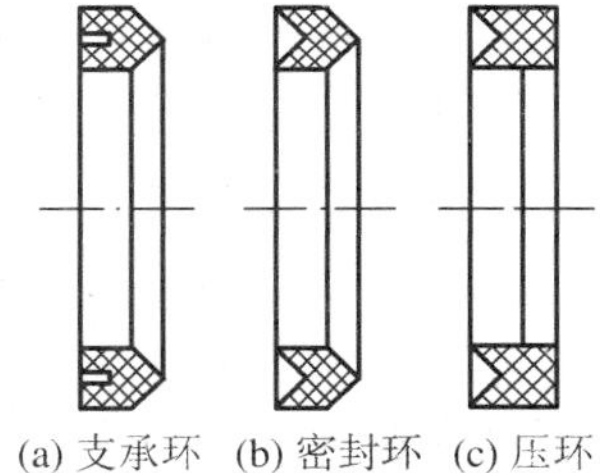

图 5-13 V 形密封圈

唇形密封圈安装时应使其唇边开口面对液压油，使两唇张开，分别贴紧在机件的表面上。

4. 组合密封圈

组合密封圈是由金属外圈和橡胶内圈整体硫化而成。其特点是使用方便，密封可靠。组合密封圈的工作原理是：金属外圈保护橡胶内圈并起支承作用，橡胶内圈起密封作用。橡胶内圈高度和金属外圈高度之差即可压缩量。根据实际工作压力，施加适当压紧力起到密封作用。

如图 5-14(a)所示为 O 形密封圈与截面为矩形的聚四氟乙烯塑料滑环组成的组合密封圈。其中，方形断面格莱圈 2 紧贴密封面，O 形密封圈 1 为方形断面格莱圈 2 提供弹性预压力，在介质压力等于零时构成密封。由于密封间隙靠滑环，而不是 O 形密封圈，因此摩擦阻力小而且稳定，可以用于 40 MPa 的高压；往复运动密封时，速度可达 15 m/s；往复摆动与螺旋运动密封时，速度可达 5 m/s。这种密封的缺点是抗侧倾能力稍差，在高、低压交变的场合下工作容易漏油。如图 5-14(b)所示为由梯形断面斯特圈 3 和 O 形密封圈 1 组成的组合密封圈，由于梯形断面斯特圈 3 与被密封件之间为线密封，其工作原理类似唇边密封。斯特圈采用一种经特别处理的化合物，具有极佳的耐磨性、低摩擦性和保形性，不存在橡胶密封低速时易产生的爬行现象，工作压力可达 80 MPa。

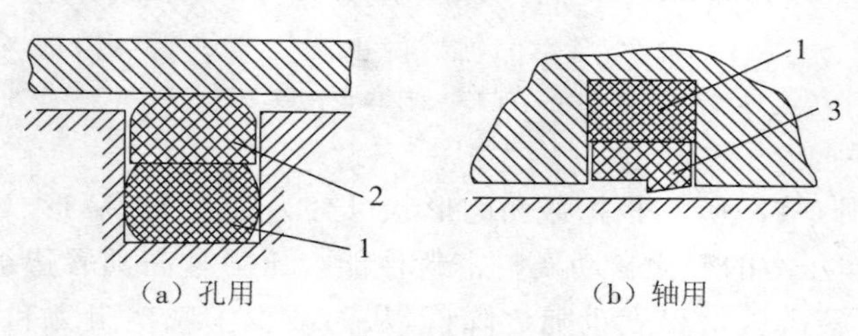

(a) 孔用　　(b) 轴用

图 5-14　组合密封圈

1—O 形密封圈；2—方形断面格莱圈；3—梯形断面斯特圈

任务 3　蓄能器的选用

一、蓄能器的分类

蓄能器是液压系统中的储能元件。它储存多余的油液，并在需要时释放出来供给系统。

蓄能器有重锤式、弹簧式和充气式三类，常用的是充气式蓄能器。充气式蓄能器利用压缩气体储存能量。为安全考虑，所充气体一般为氮气。

蓄能器按结构又可分为直接接触式和隔离式两类。隔离式又分为活塞式和气囊式两种。在此主要介绍活塞式及气囊式两种蓄能器。

1. 活塞式蓄能器

活塞式蓄能器是一种隔离式蓄能器，如图 5-15 所示。它利用活塞 2 将气体 1 与液压油 3 隔离，以减少气体渗入油液的可能性。活塞随着下部油压的增减在缸体内上下移动，活塞向上移动蓄能器就储能。这种蓄能器的活塞上装有密封圈，活塞的凹部面向气体，以增加气体室的容积。这种蓄能器结构简单，易安装，维修方便；但活塞的密封问题不能完全解决，有压气体容易漏入液压系统中，而且由于活塞的惯性和密封件的摩擦力，使活塞动作不够灵敏。

2. 气囊式蓄能器

如图 5-16 所示为气囊式蓄能器。它由限位阀 1、皮囊 2、壳体 3、充气阀 4 等组成，工作压力为3.5～35 MPa,容量范围为0.6～200 L,温度适用范围为－10～65 ℃。工作前,从充气阀向皮囊内充进一定压力的气体,然后将充气阀关闭,使气体封闭在皮囊内。要储存的油液,从壳体底部限位阀处引到皮囊外腔,使皮囊受压缩而储存液压能。其优点是惯性小,反应灵敏,且结构小,质量轻,一次充气后能长时间地保存气体,充气也较方便,故在液压系统中得到广泛的应用。

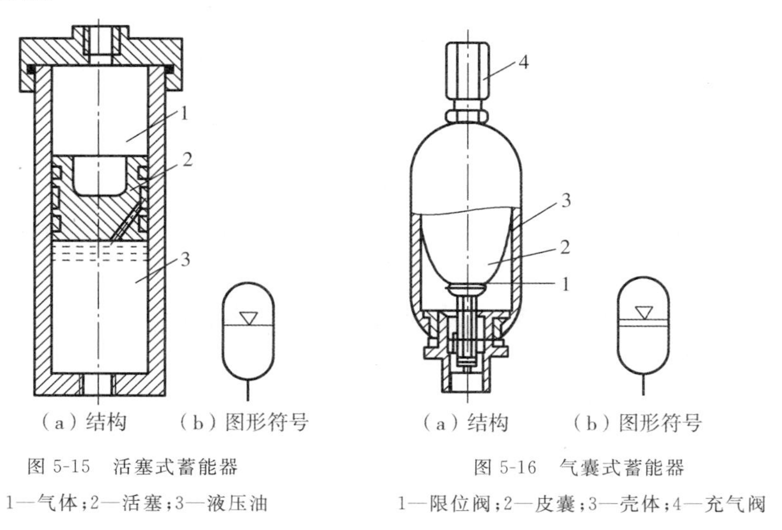

(a)结构 (b)图形符号

图5-15 活塞式蓄能器

1—气体;2—活塞;3—液压油

(a)结构 (b)图形符号

图5-16 气囊式蓄能器

1—限位阀;2—皮囊;3—壳体;4—充气阀

二、蓄能器的功用

随着液压传动技术向高压化、高性能化发展,蓄能器在节能、补偿压力、吸收压力脉动、缓和冲击、提供应急动力、输送特殊液体方面所发挥的作用越来越大。

1. 用作辅助动力源(节能)

当执行件作间歇运动或只作短时高速运动时,可利用蓄能器在执行件不工作时储存液压油;而在执行件需要快速运动时,由蓄能器与液压泵同时向液压缸供给液压油。这样就可以用流量较小的泵使运动件获得较快的速度,不但可减少功率损耗,还可降低系统的温升。

2. 用作应急油源

当电源突然中断或液压泵发生故障时,蓄能器能释放出所储存的液压油,使执行件继续完成必要的动作,避免可能因缺油而引起的事故。

3. 使系统保压

当执行件停止运动的时间较长,并且需要保压时,可利用蓄能器储存的液压油补偿油路的泄漏损失,以保证其压力不变。这时,为降低能耗,可使液压泵卸荷。

4. 缓和冲击

在控制阀快速换向、突然关闭或执行元件的运动突然停止时都会产生液压冲击,齿轮泵、柱塞泵、溢流阀等元件工作时也会对系统产生压力或流量的脉动。因此,当液压系统的工作平稳性要求高时,可在冲击源或脉动源附近设置蓄能器,以起到缓和冲击和吸收脉动的作用。

另外,在输送对泵和阀有腐蚀作用或有毒、有害的特殊液体时可用蓄能器作为动力源吸入或排除液体，作为液压泵使用。

三、蓄能器的安装和使用

(1)气囊式蓄能器安装时，应将油口垂直朝下。

(2)装在管路上的蓄能器必须用支架固定。

(3)蓄能器与管路系统之间应安装截止阀，这便于在系统长期停止工作以及充气或检修时，将蓄能器与主油路切断。

(4)蓄能器是压力容器，搬运和装拆时应先排除内部的气体，工作中要注意安全。

(5)用于吸收液压冲击和脉动压力的蓄能器，应尽可能装在振源附近，并便于检修。

(6)蓄能器与液压泵之间应设单向阀，以防止液压泵停转时蓄能器内的液压油倒流。

任务4 其他辅助元件的选用

一、管件和管接头

1. 管件

液压系统中使用的管件种类很多，有钢管、铜管、尼龙管、塑料管、橡胶管等，须按照安装位置、工作环境和工作压力来正确选用。管件的特点及其适用范围见表5-2。

表5-2 液压系统中使用的管件

种类		特点和适用范围
硬管	钢管	能承受高压，价格低廉，耐油，抗腐蚀，刚性好，但装配时不能任意弯曲，常在装拆方便处用作压力管道、中高压用无缝管、低压用焊接管
	铜管	易弯曲成各种形状，但承压能力一般不超过6.5～10 MPa，抗振能力较弱，又易使油液氧化，通常用在液压装置内配接不便之处
软管	尼龙管	乳白色半透明，加热后可以随意弯曲成形或扩口，冷却后又能定形不变，承压能力因材质而异，在2.5～8 MPa范围内
	塑料管	质轻耐油，价格便宜，装配方便，但承压能力低，长期使用会变质老化，只宜用作压力低于0.5 MPa的回油管、泄油管等
	橡胶管	高压管由耐油橡胶夹几层钢丝编织网制成，钢丝网层数越多，耐压越高，价高，用作中高压系统中两个相对运动件之间的压力管道 低压管由耐油橡胶夹帆布制成，可用作回油管道

流速v的选择：吸油管取0.5～1.5 m/s；高压管取2.5～5 m/s(压力高的取大值，低的取小值，如压力在6 MPa以上的取5 m/s，在3～6 MPa范围内的取4 m/s，在3 MPa以下的取2.5～3 m/s；管道较长的取小值，较短的取大值；油液黏度大时取小值)；回油管取1.5～2.5 m/s；短管及局部收缩处取5～7 m/s。

安全系数n的选择：对钢管来说，$p<7$ MPa时取$n=8$；7 MPa$<p<17.5$ MPa时取$n=$

6；$p>17.5$ MPa 时取 $n=4$。

管径不宜选得过大，以免使液压装置的结构庞大；但也不能选得过小，以免使管内液体流速加大，系统压力损失增加或产生振动和噪声，影响正常工作。

在保证强度的情况下，管壁可尽量选得薄些。薄壁易于弯曲，规格较多，装接较易，采用它可减少管接头数目，有助于解决系统泄漏问题。

2. 管接头

管接头是油管与油管、油管与液压件之间的可拆式连接件。它必须具有装拆方便、连接牢固、密封可靠、外形尺寸小、通流能力大、压降小、工艺性好等性能。

管接头的种类很多，其规格品种可查阅有关手册。液压系统中常用的管接头见表5-3。

表5-3　液压系统中常用的管接头

名　称	结构简图	特点和说明
焊接式管接头	球形头	1. 连接牢固，利用球面进行密封，简单可靠 2. 焊接工艺必须保证质量，必须采用厚壁钢管，拆装不变
卡套式管接头	油管　卡套	1. 用卡套套住油管进行密封，轴向尺寸要求不严，装拆简便 2. 对油管径向尺寸精度要求较高，为此要采用冷拔无缝钢管
扩口式管接头	油管　管套	1. 用油管管端的扩口顺管套进行密封，结构简单 2. 适用于铜管、薄壁钢管、尼龙管和塑料管等低压管道的连接
扣压式管接头		1. 用来连接高压软管 2. 在中低压系统中应用
固定铰接管接头	螺钉　组合密封圈　接头体　组合密封圈	1. 是直角接头，可以随意调整布管方向，安装方便，占空间小 2. 连接方法除左图所示卡套式外，还可用焊接式 3. 用中间有通油孔的固定螺钉把两个组合密封圈压紧在接头体上进行密封

管路旋入端用的连接螺纹采用国家标准米制锥螺纹（ZM）和普通细牙螺纹（M）。锥螺纹依靠自身的锥体旋紧和采用聚四氟乙烯等进行密封，广泛用于中低压液压系统；细牙螺纹密封性好，常用于高压系统，但要采用组合密封圈或O形密封圈进行端面密封。

液压系统中的泄漏问题大部分都出现在管接头上，为此对管件的选用、接头形式的确定（包括接头设计和密封圈、箍套、防漏涂料的选用等）、管系的设计（包括弯管设计、管道支承点和支承形式的选取等）以及管道的安装（包括正确的运输、储存、清洗、组装等）都要谨慎从事，以免影响整个液压系统的使用质量。

国外对管件材质、接头形式和连接方法上的研究工作从未间断，最近出现一种用特殊的镍钛合金制造的管接头，它能使低温下受力后发生的变形在升温时消除，即把管接头放入液氮中用芯棒扩大其内径，然后取出来迅速套装在管端上，便可使它在常温下得到牢固、紧密的结合。这种热缩式的连接已在航空和其他一些加工行业中得到了应用。它能保证在40～55 MPa 的工作压力下不出现泄漏。这是一个十分值得注意的动向。

二、压力表辅件

压力表辅件主要包括压力表和压力表开关。

1. 压力表

压力表用于观测液压系统中某一工作点的油液压力，以便调整系统的工作压力。在液压系统中最常用的是弹簧管式压力表，如图 5-17 所示。当液压油进入弹簧管 1 时，弹簧管产生管端变形，通过杠杆 4 使扇形齿轮 5 摆转，带动小齿轮 6，使指针 2 偏转，由刻度盘 3 读出压力值。

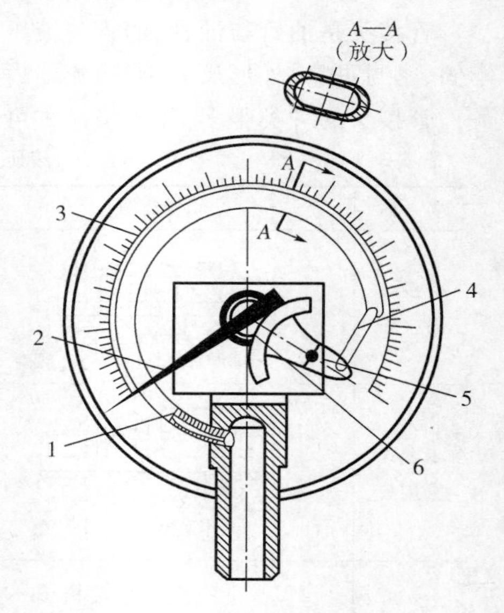

图 5-17　弹簧管式压力表

1—弹簧管；2—指针；3—刻度盘；4—杠杆；5—扇形齿轮；6—小齿轮

压力表有多种精度等级。普通精度的有 1 级、1.5 级、2.5 级等，精密型的有 0.1 级、0.16 级、0.25 级等。精度等级指的是压力表最大误差占整个量程的百分数。1.5 级精度、量程为 10 MPa 的压力表，最大量程的误差为 $10 \times 1.5\% = 0.15$ MPa。一般机械设备液压系统的压力表用 1.5～4 级精度即可。

用压力表测量压力时，被测压力不超过压力表量程的四分之三。压力表必须直立安装。压力表接入压力管道时，应通过阻尼小孔，以防被测压力突然升高损坏压力表。

2. 压力表开关

压力表开关用于实现压力表与压力油路之间的切断和接通。压力表开关有一点、三点、六点开关等。多点压力表开关可使压力计油路与几个测压点油路相通，测出相应各点的油液压力。

三、热交换器

液压系统的工作温度一般希望保持在 30～50 ℃范围内，最高不超过 65 ℃，最低不低于 15 ℃。液压系统如依靠自然冷却仍不能使油温控制在上述范围内时，就需安装冷却器；反之，如环境温度太低无法使液压泵启动或正常运转时，就需安装加热器。

1. 冷却器

根据冷却介质不同，冷却器分为风冷式、冷媒式和水冷式三种。风冷式是利用自然通风来冷却，常用在行走设备上。其特点是结构简单、价格低廉，但是冷却效果差。冷媒式是利用冷媒介质如氟利昂在压缩机中作绝热压缩，通过散热器散热、蒸发器吸热原理，把油液的热量带走，使油液冷却，此种方式冷却效果较好，但价格昂贵，常用于精密机床等设备上。而水冷式是一般液压系统常用的冷却效果较好的冷却方式。

液压系统中用得较多的冷却器是强制对流式多管冷却器，如图 5-18 所示。油液从进油口 5 流入，从出油口 3 流出；冷却水从进水口 7 流入，通过多根水管后由出水口 1 流出。油液在水管外部流动时，它的行进路线因冷却器内设置了隔板而加长，因而增加了热交换效果。

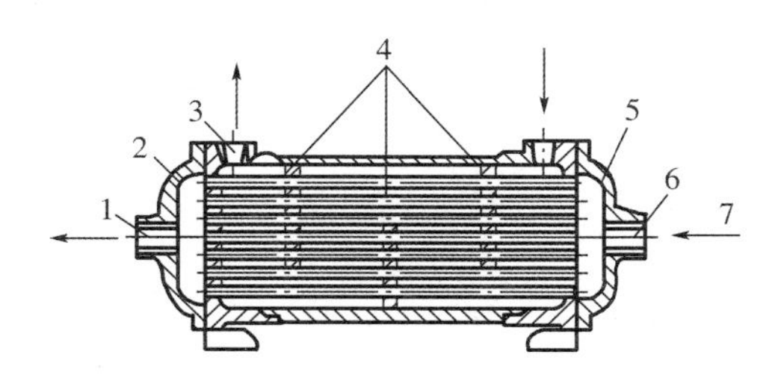

图 5-18　强制对流式多管冷却器

1—出水口；2—端盖；3—出油口；4—隔板；5—进油口；6—端盖；7—进水口

冷却器一般应安放在回油管或低压管路上，如溢流阀的出口、系统的主回流路上或单独的冷却系统中。

冷却器所造成的压力损失一般为 0.01～0.1 MPa。

2. 加热器

液压系统的加热一般常采用结构简单、能按需要自动调节最高和最低温度的电加热器。这种加热器的安装方式是用法兰盘横装在箱壁上，发热部分全部浸在油液内。加热器应安装在箱内油液流动处，以有利于热量的交换。由于油液是热的不良导体，单个加热器的功率容量不能太大，以免其周围油液过度受热后发生变质现象。

四、油箱

油箱的功用是储存液压系统所需足够的油液（液压油）、散发油液中的热量、沉淀油液中的污染物和释放溶入油液中的气体。

油箱可分为开式油箱和闭式油箱。开式油箱通过空气过滤器与大气连通，油箱中的液体受到大气压力的作用，一般固定作业和行走作业机械均采用开式油箱；闭式油箱完全与大气隔绝，箱体内设置气囊或者弹簧活塞对箱中油液施加一定压力，闭式油箱适用于水下作业机械或海拔较高地区及飞行器的液压系统。

油箱如图 5-19 所示。油箱内部用隔板 7、9 将吸油管 1 与回油管 4 隔开。顶部、侧部和底部分别装有滤油网 2、油位计 6 和排放污油的放油阀 8。安装液压泵及其驱动电动机的安装板 5 则固定在油箱顶面上。

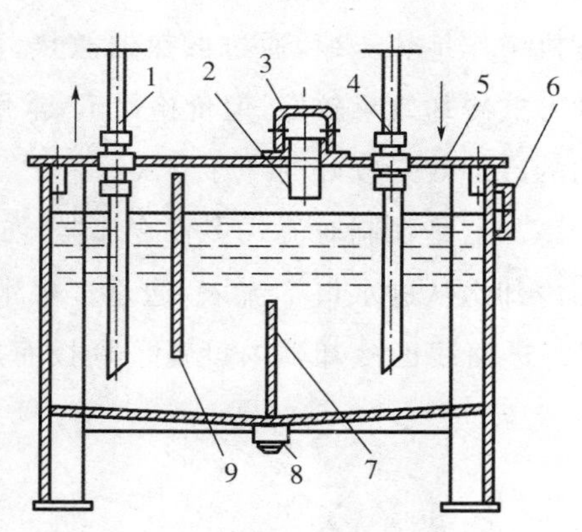

图 5-19 油箱

1—吸油管；2—滤油网；3—盖；4—回油管；5—安装板；6—油位计；7，9—隔板；8—放油阀

思考题与习题

(1)蓄能器有哪些作用?

(2)蓄能器主要有几种类型?

(3)对过滤器的基本要求主要有几点?

(4)过滤器的类型主要有几种?

(5)简述密封装置的作用及分类。

(6)管件有几种? 各应用在什么场合下?

(7)管接头有几种? 各应用在什么场合下?

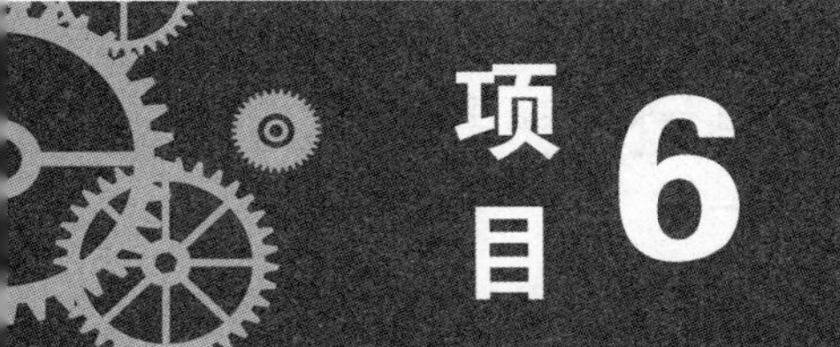

项目6 液压控制元件的选用

项目引导

本项目主要介绍液压控制元件的选用，包括方向控制阀的选用、压力控制阀的选用、流量控制阀的选用。学习目标是掌握各种控制元件的工作原理和基本结构，熟悉各种控制元件的图形符号及画法，了解各种控制元件的基本功能和用途。

相关知识

任务1 方向控制阀的选用

方向控制阀（简称方向阀）用来控制液压系统的油流方向，接通或断开油路，从而控制执行机构的启动、停止或改变运动方向。方向控制阀分为单向阀和换向阀两大类。

一、单向阀

1. 普通单向阀

(1)结构工作原理

普通单向阀（简称单向阀）亦称止回阀或逆止阀。这类阀的作用是使油液只能从一个方向通过它，反向则不能通过。

单向阀按其结构的不同，有钢球密封式直通单向阀（如图 6-1 所示）、锥阀芯密封式直通单向阀（如图 6-2 所示）和直角式单向阀（如图 6-3 所示）三种形式。不管哪种形式，其工作原理都相同。

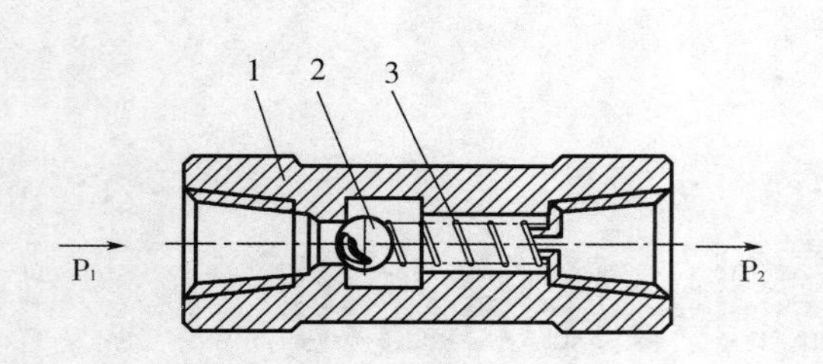

图 6-1 钢球密封式直通单向阀

1—阀体;2—钢球;3—弹簧

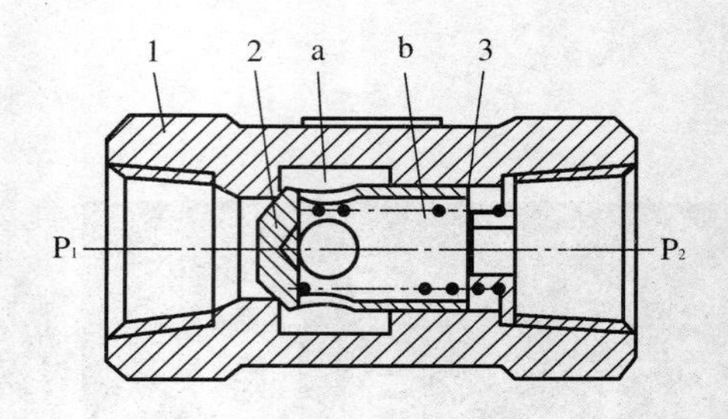

图 6-2 锥阀芯密封式直通单向阀

1—阀体;2—阀芯;3—弹簧;a—径向孔;b—内孔

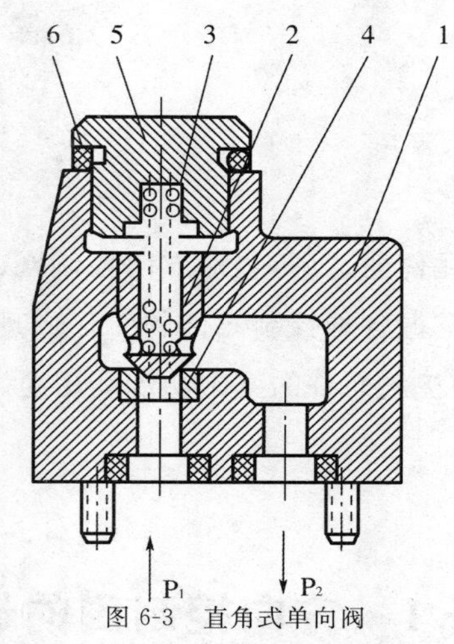

图 6-3 直角式单向阀

1—阀体;2—阀芯;3—弹簧;4—阀座;5—顶盖;6—密封圈

在图 6-1、图 6-2 和图 6-3 中,当压力为 p_1 的油液从阀体的入口流入时,油液克服压在钢球(图 6-1)或阀芯(图 6-2、图 6-3)上的弹簧的作用力以及阀芯与阀体之间的摩擦力,顶开钢球或阀芯,压降为 p_2,从阀体的出口流出。而当油液从相反方向流入时,它和弹簧一起使钢球或阀芯紧紧地压在阀体的阀座处,截断油路,使油液不能通过。单向阀的这种功能,就要求油液从 p_1 向 p_2 正向流通时有较小的压力损失,工作时无异常的撞击和噪声;而当油液反向流通时,要求在所有工作压力范围内都能严格地截断油流,不许油液渗漏。在这三种阀里,弹簧的刚度都较小,其开启压力一般在 0.03～0.05 MPa 范围内,以便降低油液正向流通时的压力损失。

钢球密封式直通单向阀一般用在流量较小的场合;对于高压大流量场合则采用密封性较好的锥阀芯密封式直通单向阀。

(2)图形符号

如图 6-4 所示为单向阀单独使用时的图形符号。

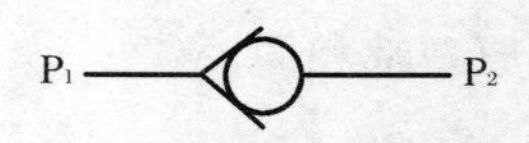

图 6-4 单向阀的图形符号

单向阀可与其他阀(如节流阀、顺序阀、减压阀、调速阀等)组合使用。

2. 液控单向阀

液控单向阀是一种通过控制液压油允许液流向一个方向流动，反向开启则必须通过液压控制来实现的单向阀，它由单向阀和液控装置两部分组成，如图 6-2 所示。其工作原理是：当控制油口 K 不通液压油时，作用同普通单向阀，即只允许油液由 P_1 口流向 P_2 口；当控制油口 K 通液压油时，推动活塞 1 右移并通过顶杆 2 使阀芯 3 顶起，P_1 口与 P_2 口相通，油液可以在两个方向自由流通。当控制油进口的控制油路切断后，恢复单向流动。

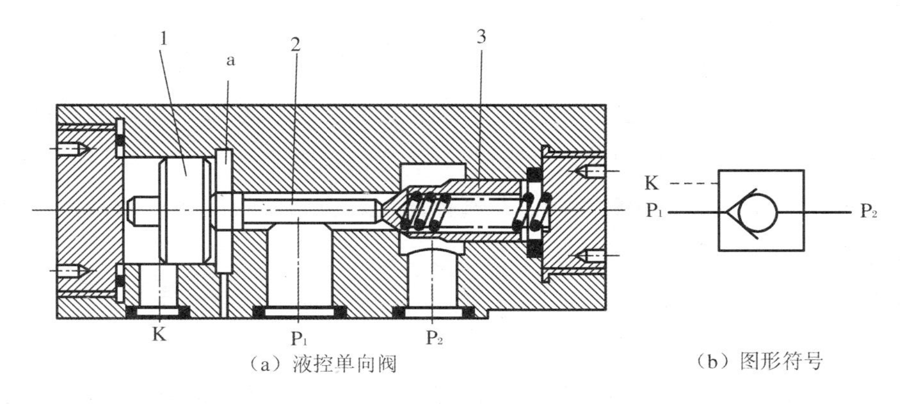

（a）液控单向阀　　（b）图形符号

图 6-5　液控单向阀

1—活塞；2—顶杆；3—阀芯

液控单向阀具有良好的密封性能，常用于保压和锁紧回路。使用液控单向阀时应注意以下几点：

(1)必须保证有足够的控制压力，否则不能打开液控单向阀。一般来讲，控制油口的油液压力最小不应低于主油路压力的 30%～50%。

(2)当液控单向阀阀芯复位时，控制油腔中的油液必须流回油箱。

(3)要防止空气侵入液控单向阀控制油路，避免引起动作不可靠。

(4)作充油阀使用时，应保证开启压力低、流量大。

(5)如果采用内泄式液控单向阀，必须保证逆流出口侧不能产生影响活塞动作的高压，否则活塞容易反向误动作。如果不能避免这种高压，则应采用外泄式液控单向阀。

3. 单向阀的应用

普通单向阀常与某些阀组合成一体，成为组合阀或复合阀，如单向顺序阀(平衡阀)、可调单向节流阀、单向调速阀等。为防止系统逆回液压力冲击液压泵，常在泵的出口处安置有普通单向阀，以保护泵。为提高液压缸的运动平稳性，在液压缸的回油路上设有普通单向阀，作备压阀使用，使回油产生备压，以减小液压缸的前冲和爬行现象。

液控单向阀未通控制油时具有良好的反向密封性能，常用于保压、锁紧和平衡回路，作立式液压缸的支承阀。一旦通入控制油，则可形成良好的油液通路。

二、换向阀

换向阀的作用是利用阀芯和阀体相对位置的改变，来控制各油口的通断，从而控制执行元件的换向和启停。液压系统对换向阀性能的要求是：

(1)油液流经换向阀时压力损失要小。

(2)互不相通的油口间的密封性能好、泄漏要小。

(3)换向要平稳、安全、迅速且可靠。

换向阀的种类很多，一般说按阀芯相对于阀体的运动方式来分有滑阀和转阀两种。滑阀是利用柱状阀芯相对于阀体的往复直线位移，改变内部通道连通方式而控制油路通断和改变液流方向的；而转阀是利用柱状阀芯与阀体的旋转位移实现上述作用的。滑阀在液压系统中远比转阀应用广泛。

1.滑阀

(1)工作原理

如图 6-6 所示为滑阀的工作原理。图示状态下，液压缸两腔不通液压油，活塞处于停止状态。若使阀芯 1 左移，阀体 2 的油口 P 和 A 连通，B 和 T 连通，则液压油经油口 P、A 进入液压缸左腔，右腔油液经油口 B、T 流回油箱，活塞向右运动；反之，若使阀芯右移，则油口 P 和 B 连通，A 和 T 连通，活塞便向左运动。

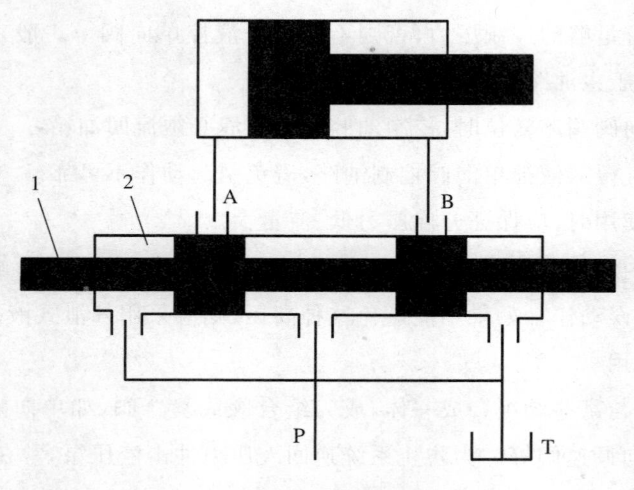

图 6-6 滑阀的工作原理

1—阀芯；2—阀体

(2)结构和图形符号

阀体和滑动阀芯是滑阀的结构主体，其工作原理是利用阀芯相对阀体的轴向位移以变换油液的流动方向。

表 6-1 列出了几种常用滑阀的结构和图形符号。

换向阀图形符号的含义如下：

①方格数表示换向阀的阀芯相对于阀体所具有的工作位置数，二格即二位，三格即三位。

②方格内的箭头表示两油口连通，但不表示流向，符号“⊥”和“T”表示此油口不连通。箭头、箭尾及不连通符号与任何一方格的交点数表示油口通路数。

表 6-1　几种常用滑阀的结构和图形符号

名　称	结构	图形符号
二位二通	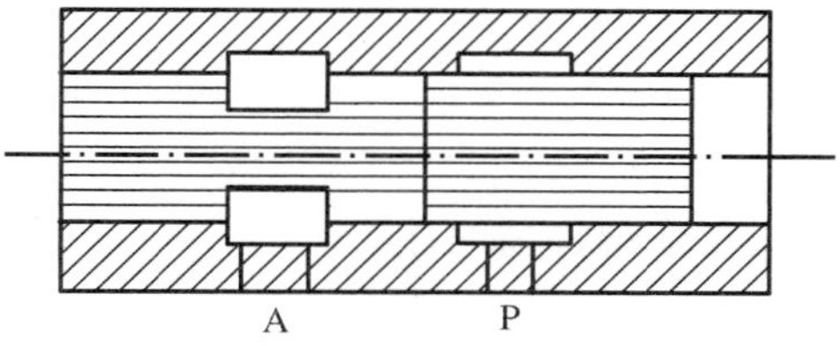 A　P	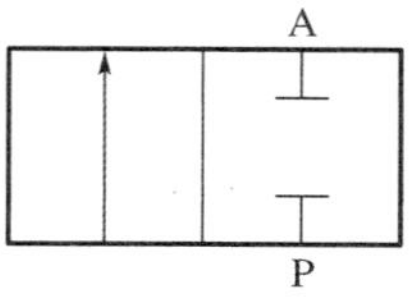 A　P
二位三通	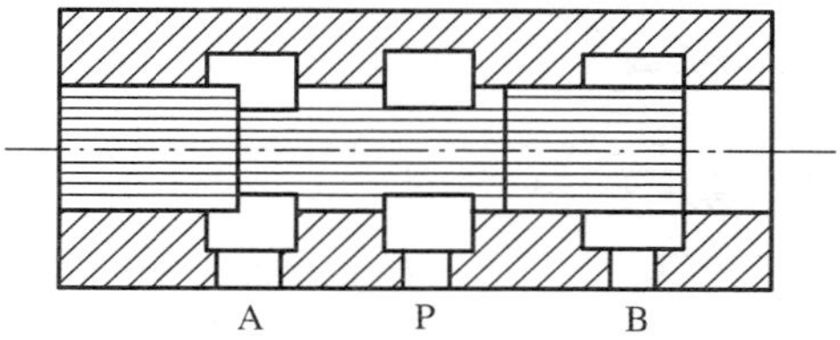 A　P　B	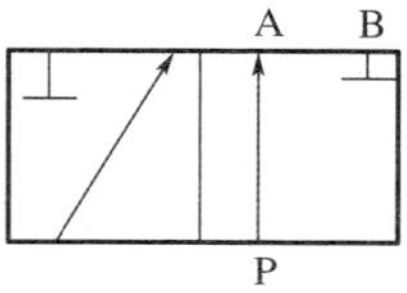 A　B　P
二位四通	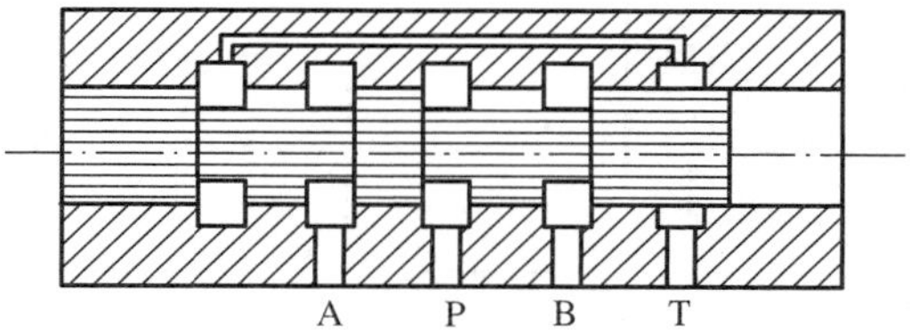 A　P　B　T	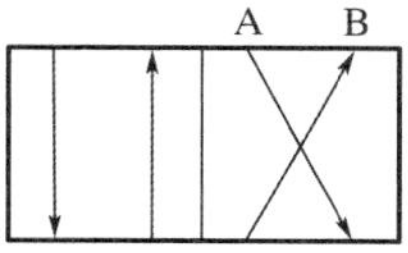 A　B
三位四通	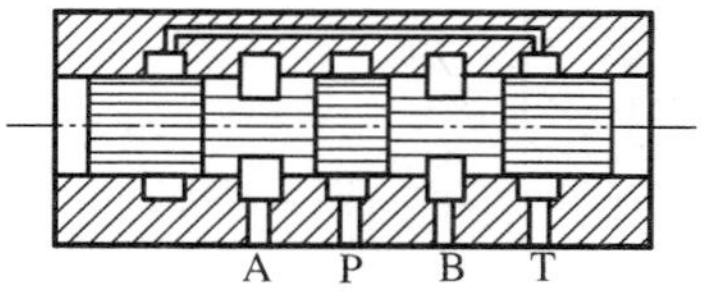 A　P　B　T	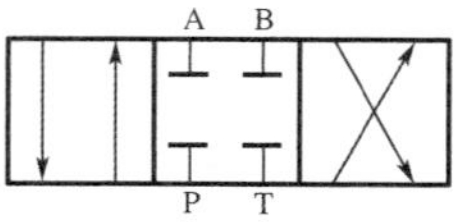 A　B　P　T
二位五通	T_1　A　P　B　T_2	A B　T_1 P T_2
三位五通	T_1　A　P　B　T_2	A B　T_1 P T_2

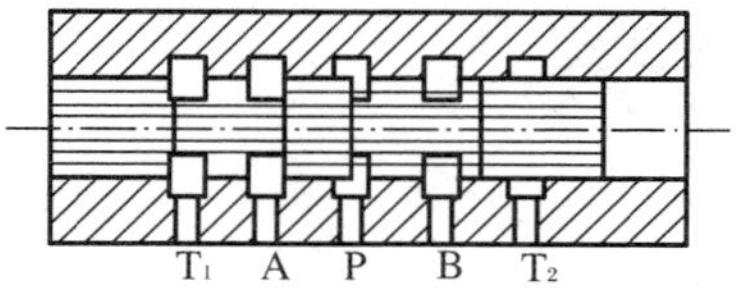

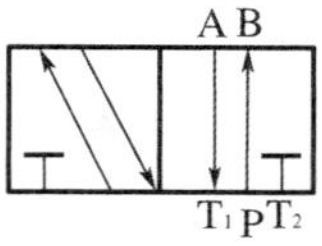

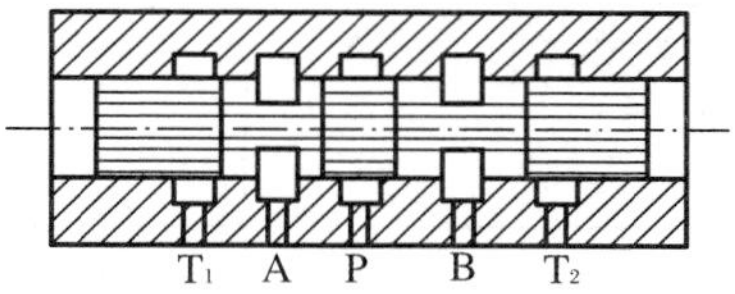

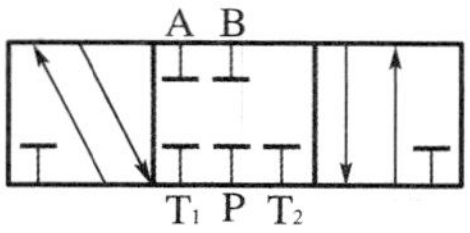

③P 表示液压油的进口，T 表示与油箱相连的回油口，A 和 B 表示连接其他油路的油口。

④三位换向阀的中间方格和二位换向阀靠近弹簧的方格为换向阀的常态位置。在液压系统图中，换向阀的符号与油路的连接一般应画在常态位置上。

(3)滑阀机能

当滑阀处于常态位置时，滑阀的各油口的连通方式称为滑阀机能。由于三位换向阀的常态为中间位置，因此，三位换向阀的滑阀机能又称为中位机能。不同机能的三位换向阀，阀体通用，仅阀芯台肩结构、尺寸及内部孔情况有区别。三位四通换向阀的结构和图形符号见表 6-2。

表 6-2　　三位四通换向阀的结构和图形符号

代号	结构	图形符号
O	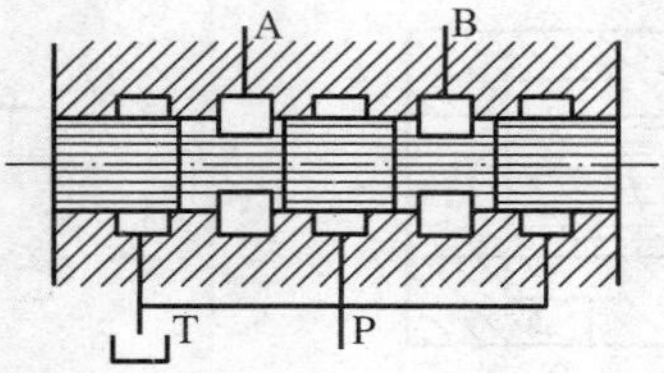	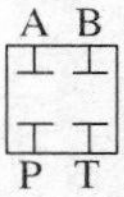
H	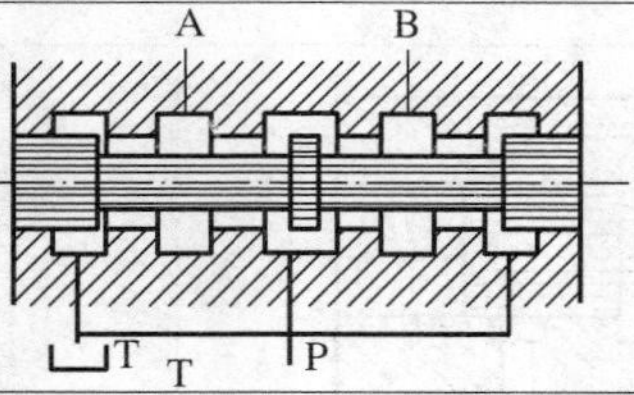	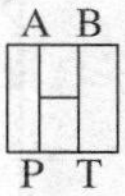
Y	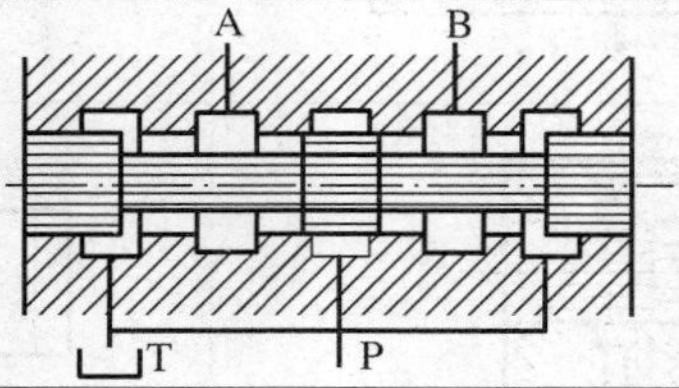	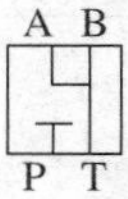
P	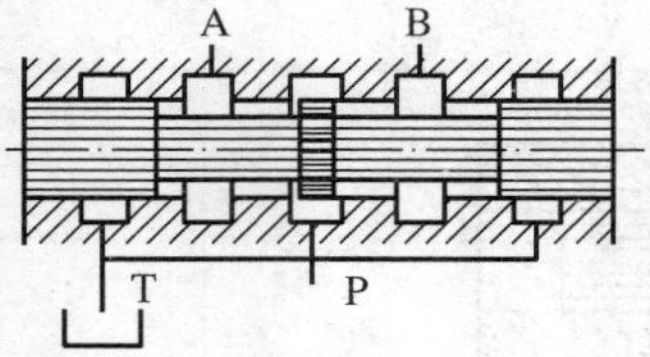	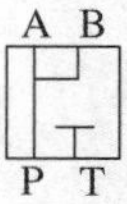
M	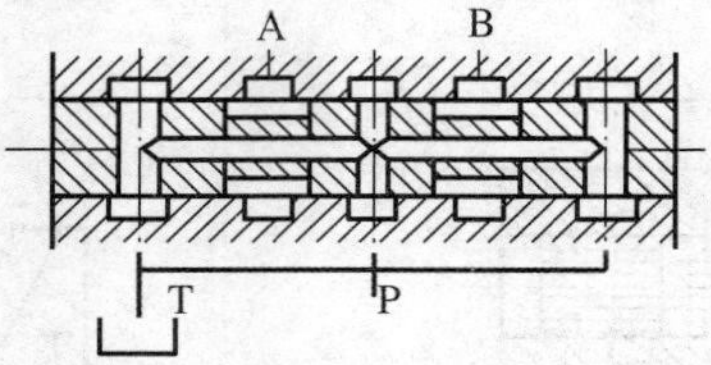	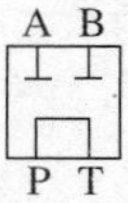

(4)滑阀的液压卡紧现象

滑阀的阀孔和阀芯之间有很小的间隙，从理论上讲，当缝隙均匀且缝隙中有油液时，移动阀芯所需的力只需克服黏性摩擦力以及恢复弹簧的弹力，数值是相当小的。但在实际使用中，特别是在中高压系统中，由于阀芯几何形状的偏差及阀芯与阀体的不同心，当阀芯停止运动一段时间后（一般约 5 min 以后），这个阻力可以大到几百牛顿，使阀芯重新移动十分费力，这就是所谓的液压卡紧现象。

（5）滑阀的液动力

由液流的动量定律可知，油液通过换向阀时作用在阀芯上的液动力有稳态液动力和瞬态液动力两种。

滑阀上的稳态液动力是在阀芯移动终止，开口固定，而液流流过阀口时因液体动量变化而作用在阀芯上的力，不论液体流向如何，此力都有使阀口关闭的趋势。其值与通过阀的流量大小有关，流量越大，稳态液动力也越大，因而使换向阀切换的操纵力也越大。在滑阀中稳态液动力相当于一个回复力，使滑阀的工作趋于稳定。

滑阀上的瞬态液动力是滑阀在移动过程中（即开口大小发生变化时），阀腔液流因加速或减速而作用在阀芯上的力，这个力与阀芯的移动速度有关（即与阀口开度的变化率有关），而与阀口开度本身无关，且瞬态液动力对滑阀工作稳定性的影响要视具体结构而定，在此不再详细分析。

2. 转阀

如图 6-7 所示为转阀的工作原理。

转阀由阀体、阀芯和使阀芯转动的操作手柄组成。在图 6-13 所示位置，油口 P 和 B 相通、A 和 T 相通。

转阀由于结构尺寸较大、密封性能较差，易出现径向力不平衡的现象，因此多用于流量较小、压力不高的场合，如用作先导阀及小型低压换向阀等。

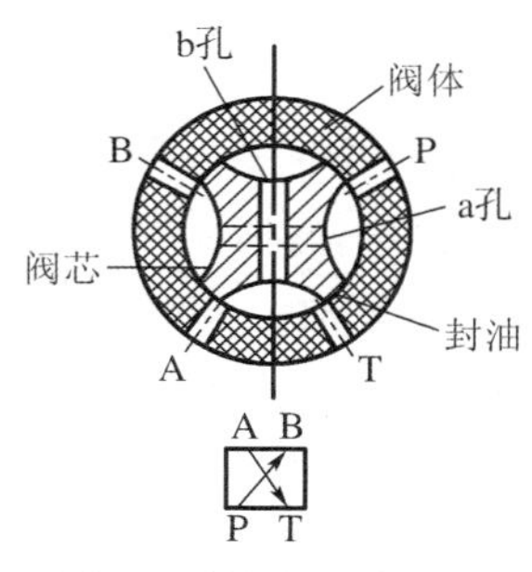

图 6-7　转阀的工作原理

3. 几种常用的换向阀

（1）机动换向阀

机动换向阀又称行程换向阀。这类换向阀的工作原理是依靠安装在执行元件上的行程挡块（或凸轮）推动阀芯实现换向的。

如图 6-8(a)所示是二位四通机动换向阀的结构。在图示位置上，阀芯 2 在滚轮 4 的推力作用下，处在最上端位置，油口 P 与 A 处于连通状态，油口 P 与 B 不连通。当行程挡块 5 将滚轮 4 压下时，油口 P 与 A 间的通路被阀芯隔断，油口 P 与 B 则处于连通状态。当行程挡块 5 脱开滚轮时，阀芯 2 在其底部弹簧的作用下又恢复初始位置。改变行程挡块 5 斜面的角度 α（或凸轮外廓曲线的升角或形状），便可改变阀芯 2 被压下时的移动速度，因而可以调节换向过程的时间。如图 6-8(b)所示是机动换向阀的图形符号。

由于机动换向阀是通过行程挡块（或凸轮）推动阀芯来实现换向的，因此，机动换向阀基本都是二位的，除如图 6-8 所示的二位四通的，还有二位二通、二位三通等形式。机动换向阀常用于要求换向性能好、布置方便的场合。

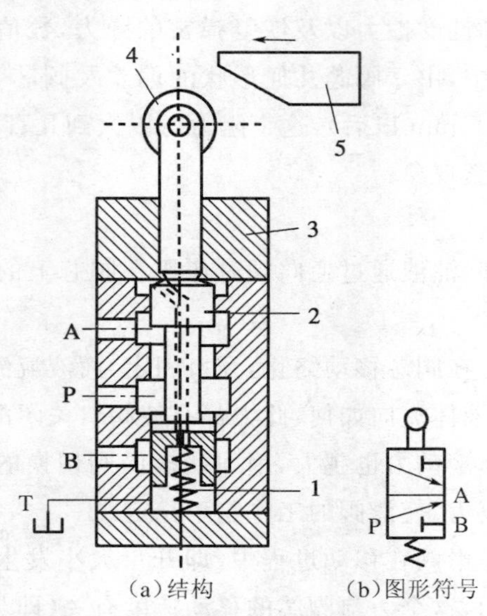

(a)结构 (b)图形符号

图 6-8 二位四通机动换向阀的结构和图形符号

1—弹簧；2—阀芯；3—阀体；4—滚轮；5—行程挡块

(2)电动换向阀

电动换向阀一般采用电磁铁的吸力作为移动阀芯的动力，所以该类换向阀也称为电磁阀。如图 6-9 所示是二位三通电动换向阀的结构和图形符号。该阀由电磁铁(左半部分)和滑阀(右半部分)两部分组成。当电磁铁断电时，阀芯 2 被弹簧 3 推向左端，使油口 P 和 A 接通；当电磁铁通电时，铁芯通过推杆 1 将阀芯 2 推向右端，油口 P 和 A 的通道被关闭，而油口 P 和 B 接通。

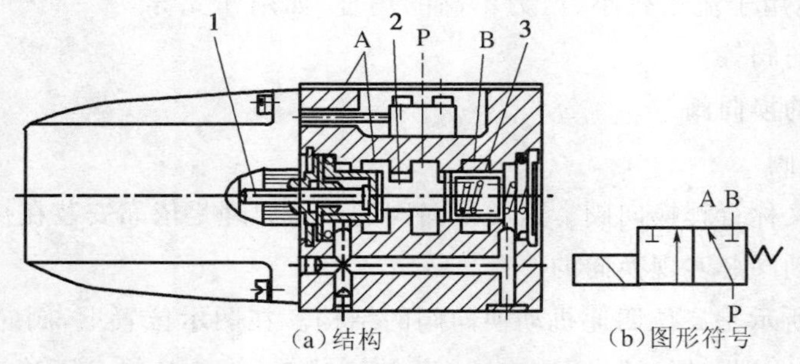

(a)结构 (b)图形符号

图 6-9 二位三通电动换向阀的结构和图形符号

1—推杆；2—阀芯；3—弹簧

电动换向阀中电磁铁所用电源有直流和交流两种。采用直流电源，当阀芯被意外卡住时，通过电磁铁线圈的电流基本不变，因此不会烧毁电磁铁线圈，工作可靠，换向冲击小，噪声小，换向频率较高(允许达到 120 次/min 以上)；但启动力小，反应速度较慢，换向时间长。交流电磁铁电源简单，启动力大，反应速度较快，换向时间短。在阀芯被意外卡住时，通过电磁铁线圈的电流会增大，容易使电磁铁线圈烧坏，换向冲击大，换向频率不能太高(30 次/min左右)，工作可靠性差。电动换向阀常用于远距离或自动控制系统。

(3)液动换向阀

电动换向阀布置灵活，易实现程序控制，但受电磁铁吸力大小的限制，难以用于切换大流量(63 L/min 以上)的油路。当换向阀的通径大于 10 mm 时,由于换向力大,常用液压油推动相应的活塞来操纵阀芯换位。这种利用控制油路的液压油推动阀芯改变位置的换向阀,即称为液动换向阀。

如图 6-10 所示为三位四通液动换向阀的结构和图形符号。当其两端控制油口 K_1 和 K_2 均不通入液压油时,阀芯在两端弹簧的作用下处于中位(图示位置);当 K_1 口通入液压油,K_2 口接油箱时,阀芯移至右端,阀左位工作,其油路状态为 P 通 A,B 通 T。

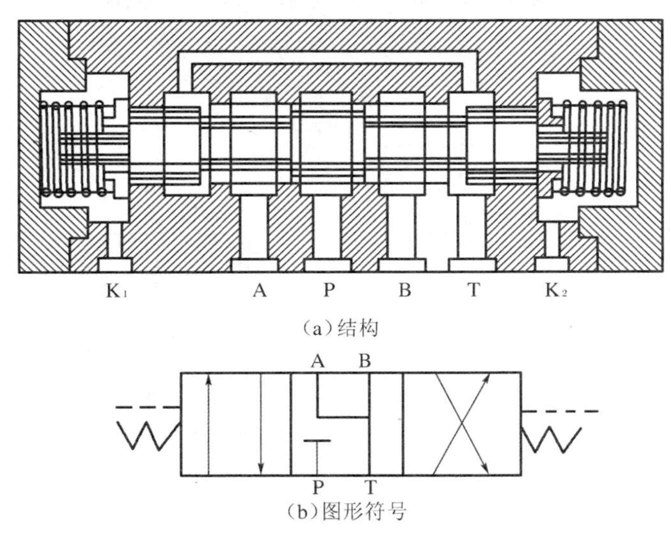

(a)结构

(b)图形符号

图 6-10　三位四通液动换向阀的结构和图形符号

采用液动换向阀时,须有一个阀控制 K_1、K_2 的液压油流动的方向,这个阀称为先导阀。先导阀可用手动滑阀(或转阀),也可在工作台上安装挡铁操纵行程滑阀,但较多的是采用电动换向阀作先导阀。通常将电动换向阀与液动换向阀组合在一起,称为电液换向阀。

(4)电液换向阀

电液换向阀既能实现换向平稳,又能用较小的电磁铁控制大流量的液流,从而方便实现自动控制,故在大流量液压系统中宜采用电液换向阀换向。

如图 6-11(a)所示为三位四通电液换向阀的结构,如图 6-11(b)所示为该阀的图形符号(表明了弹簧对中、内部压力控制、外部泄油的情况),如图 6-11(c)所示为该阀的简化图形符号。

当先导阀左边的电磁铁通电后使其阀芯向右边位置移动,来自主阀 P 口或外接油口的控制液压油可经先导阀的 A′口和单向阀 2 进入主阀左端容腔,并推动主阀阀芯向右移动,这时主阀阀芯右端容腔中的控制油液可通过右边的节流阀经先导阀的 B′口和 T′口,再从主阀的 T 口或外接油口流回油箱(主阀阀芯的移动速度可由右边的节流阀调节),使主阀油口 P 与 A、B 和 T 的油路相通。

反之,由先导阀右边的电磁铁通电,可使油口 P 与 B、A 与 T 的油路相通。当先导阀的两个电磁铁均不带电时,先导阀阀芯在其对中弹簧作用下回到中位,此时来自主阀 P 口或外接油口的控制液压油不再进入主阀芯的左、右两容腔,主阀芯左右两腔的油液通过先导阀中间位置的 A′、B′两油口与先导阀 T′口相通,如图 6-11(b)所示,再从主阀的 T 口或外接油口流回油箱。主阀阀芯在两端对中弹簧的预压力的推动下,依靠阀体定位,准确地回到中位,此时主阀的油口 P、A、B 和 T 均不通。

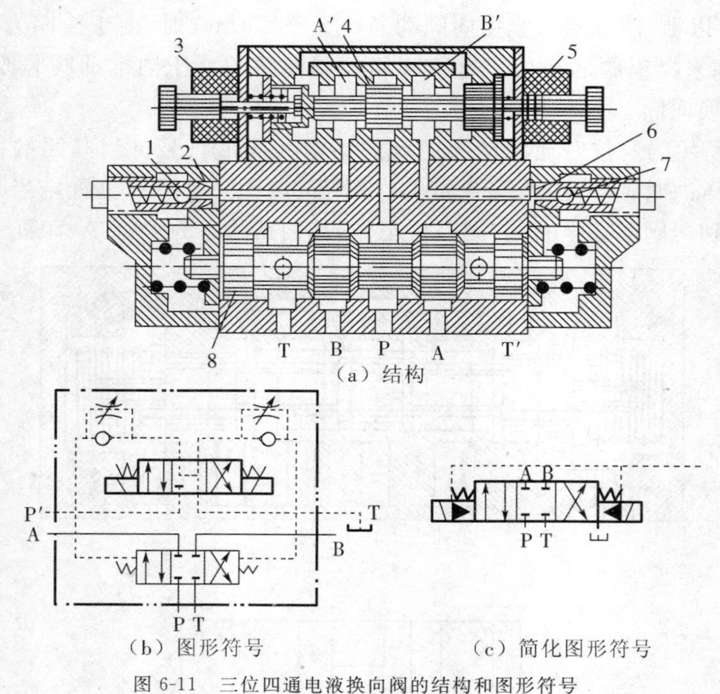

(a) 结构

(b) 图形符号　　　(c) 简化图形符号

图 6-11　三位四通电液换向阀的结构和图形符号

1,6—节流阀;2,7—单向阀;3,5—电磁铁;4—先导阀阀芯;8—主阀阀芯

电液换向阀除上述弹簧对中的类型外,还有采用液压对中、内部泄油、外部压力控制等类型。

(5)手动换向阀

手动换向阀是采用人工扳动操纵杆的方法来改变阀芯位置实现换向的,如图 6-12 所示为手动换向阀的结构和图形符号。

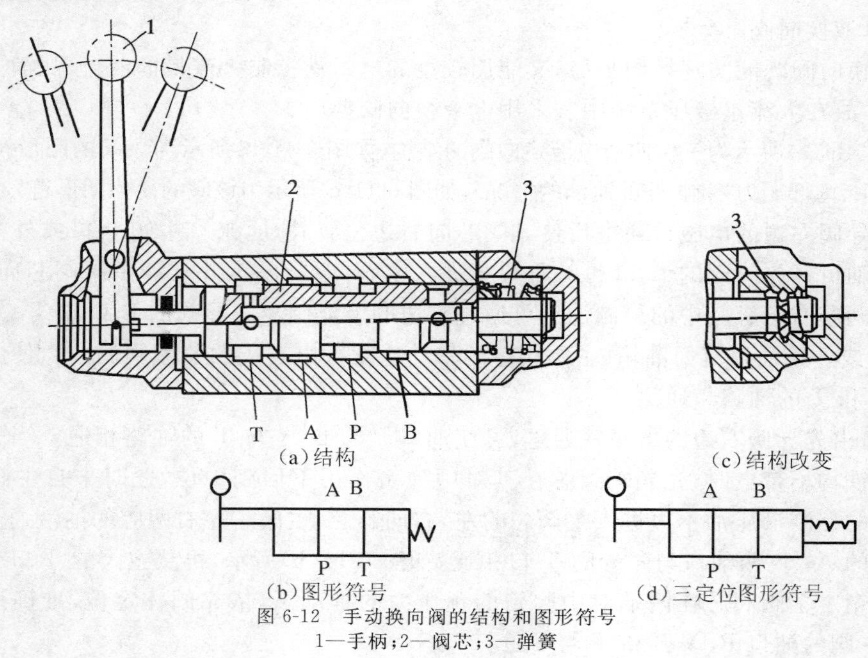

(a)结构　　　(c)结构改变

(b)图形符号　　　(d)三定位图形符号

图 6-12　手动换向阀的结构和图形符号

1—手柄;2—阀芯;3—弹簧

如图 6-12(a)所示手动换向阀为自动复位式，放开手柄 1，阀芯 2 在弹簧 3 的作用下自动回复中位。如图 6-12(b)所示是该阀的图形符号。该阀适用于动作频繁、工作持续时间短的场合，其操作比较安全，常用在工程机械的液压系统中。

若将阀芯右端弹簧 3 的部位改为如图 6-12(c)所示的形式，即成为可使该阀在三个不同工作位置定位的手动换向阀，如图 6-12(d)所示为其图形符号。

(6)换向阀的一般应用

①利用换向阀实现执行元件换向；

②利用换向阀锁紧液压缸；

③利用换向阀卸荷。

如图 6-12(a)所示，采用 M 型换向阀，可以实现液压缸所要求的换向。当阀芯处于中位，不但可以锁紧液压缸，同时还能够使液压泵卸荷。由于换向阀本身的固有特点，密封效果不可能很好，故锁紧效果差，只能用于要求较低的场合。如图 6-13(b)所示，采用 H 型换向阀，不但可以使液压泵卸荷，而且还能使整个系统处于卸荷状态。

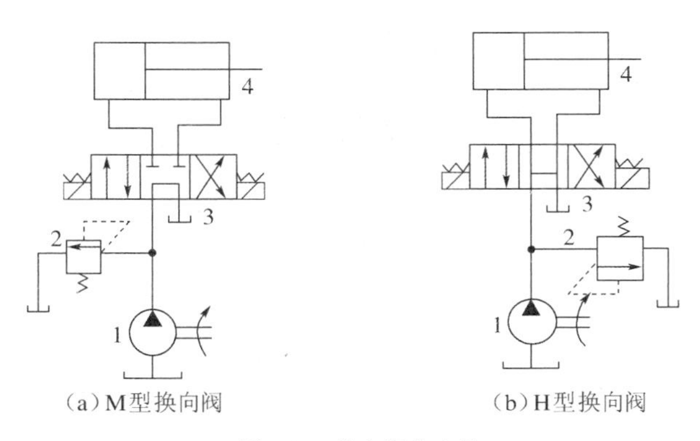

(a)M型换向阀　　(b)H型换向阀

图 6-13　换向阀的应用

1—泵；2—溢流阀；3—换向阀；4—液压缸

任务 2　压力控制阀的选用

液压系统的压力能否建立起来及建立起来后压力的大小是由外界的负载决定的。但液压压力高低的控制则是由压力控制阀(也称为压力阀)来完成的。

压力控制阀对液体压力进行控制或利用压力作为信号来控制其他元件动作，以满足执行元件对力、速度、转矩等的要求。压力控制阀按照其功能和用途不同可分为溢流阀、减压阀、顺序阀、压力继电器等。这类阀的共同特点是利用作用在阀芯上的液压作用力和弹簧力相平衡的原理来进行工作的。

一、溢流阀

溢流阀是通过阀口对液压系统相应液体进行溢流，调定系统的工作压力或者限定其最大工作压力，防止系统工作压力过载。

对溢流阀的主要要求是静态、动态特性好。静态特性是指压力-流量特性好。动态特性是指突加外界干扰后，工作稳定，压力超调量小，溢流响应快。

在液压系统中常用的溢流阀有直动型和先导型两种。一般来说，直动型溢流阀用于压力较低的系统，先导型溢流阀用于中高压系统。

1. 直动型溢流阀

如图 6-14(a)所示为 P 型直动型低压溢流阀的结构，如图 6-14(b)所示为该阀的图形符号。

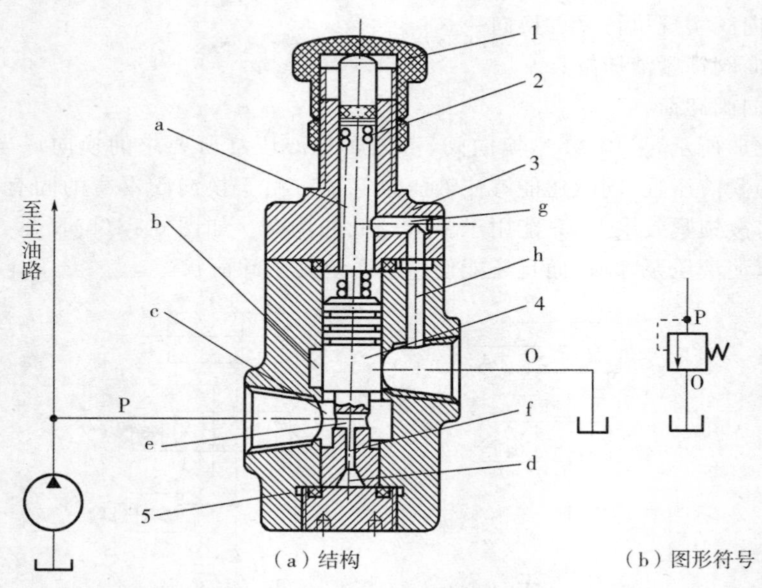

图 6-14　P 型直动型低压溢流阀的结构和图形符号

1—调节螺母；2—弹簧；3—上盖；4—阀芯；5—阀体；a，b，c，d—油腔；e—径向孔；f—轴向孔；g—小孔

溢流阀的原理是通过溢流的方法，使入口压力稳定为常值。来自泵的油液，从进油口 P 经阀芯 4 的径向孔 e、轴向孔 f 进入阀芯 4 下端的油腔 d，并对阀芯产生向上的推力。当进油压力较低，向上的推力还不足以克服弹簧 2 的作用时，阀芯处于最下端位置，阀口关闭，溢流阀不起任何作用。一旦进口油压增高，油腔 d 的油压同时也等值增高。当其油压增高到大于弹簧 2 的作用力时，阀芯被顶起，并停止在某一平衡位置上。这时 P 口、O 口接通，油液从 O 口排回油箱，实现溢流，使溢流阀入口处油压不再增高，且与此时的弹簧相平衡，为某一确定的常值，这就是定压原理。

如溢流阀入口压力为一初始定值 p_1，当入口油压突然升高时，油腔 d 的油压也等值、同时升高，这样就破坏了阀芯初始的平衡状态，阀芯上移至某一新的平衡位置，阀口开度加大，将油液多放出去一些(即阀的过流量增加)，因而使瞬时升高的入口油压又很快降了下来，并基本上回到原来的数值上。反之，当入口油压突然降低(但仍然大于阀的开启压力)时，油腔 d 的油压也等值、同时降低，于是阀芯下移至某一新的平衡位置，阀口开度减小，使油液少流出去一些(阀的过流量减小)，从而使入口油压又升上去，即基本上又回升到原来的数值上。这就是直动型溢流阀的稳压过程。

由上述定压、稳压的过程不难看出，调节调节螺母 1 可以改变弹簧 2 的预紧力，就能改变阀入口的油液的压力值。故溢流阀弹簧的调定(调整)压力就是溢流阀入口压力的调定值。

直动型溢流阀也有做成锥阀型或球阀型的，其工作原理相同。直动型溢流阀采取适当的措施后，也可用于高压、大流量场合。例如，德国 Rexroth 公司开发的直动型溢流阀(通径为 6～20 mm 的压力为 40 MPa，锥阀型；通径为 25～30 mm 的压力为 31.5 MPa，DBD 型)，其最大流量可达 330 L/min。

2. 先导型溢流阀

先导型溢流阀由主阀和先导阀两部分组成。其中，先导阀部分就是一种直动型溢流阀(多为锥阀型结构)。主阀有各种形式，按其阀芯配合形式不同，可分为滑阀式结构(一级同心结构)、二级同心结构和三级同心结构。常见的有 Y 型、Y_1 型中低压溢流阀和 YF 型、Y_2 型、DB 型、DBW 型、YF_3 型等中高压溢流阀。虽然它们的结构形式不同，但工作原理是一样的。

(1) Y 型溢流阀

如图 6-15(a)所示为 Y 型溢流阀的结构，如图 6-15(b)所示为该阀的图形符号。Y 型溢流阀的调压范围是 0.5～6.3 MPa。

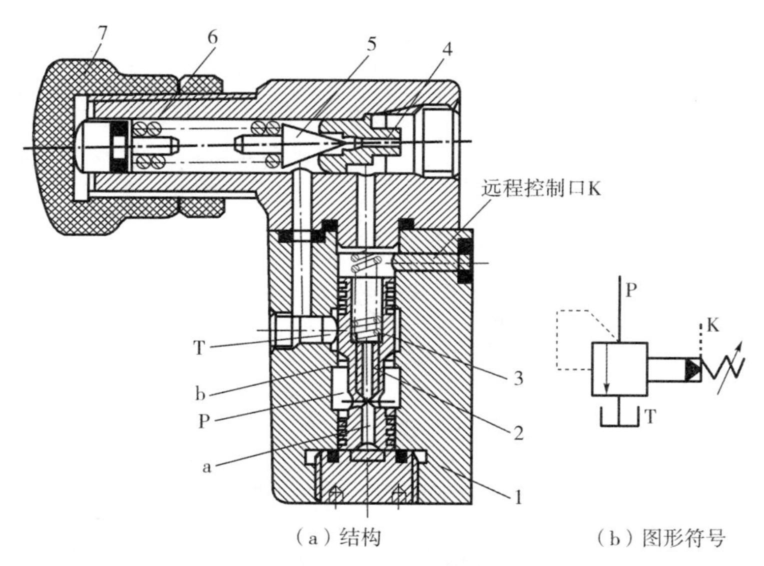

(a) 结构　　(b) 图形符号

图 6-15　Y 型溢流阀的结构和图形符号

1—阀体；2—主阀阀芯；3—主阀弹簧；4—先导阀阀座；5—先导阀阀芯；6—先导阀弹簧；7—调节螺母；a—小孔；c—阻尼小孔

液压油从主阀进油口 P 进入，通过主阀阀芯 2 上的阻尼小孔 c 后，作用在先导阀阀芯 5 上。当进油口压力较低，作用在先导阀阀芯 5 上的油液作用力不足以克服先导阀弹簧 6 的作用力时，先导阀关闭，没有油液通过阻尼小孔 c，所以主阀阀芯 2 两端压力相等，在较弱的主阀弹簧 3 作用下处于下端，主阀阀口关闭，P 口和 T 口不通，没有溢流。

当进油口压力升高，作用在先导阀阀芯 5 上的油液作用力大于先导阀弹簧 6 的作用力时，先导阀打开，油液通过阻尼小孔 c，经先导阀流回油箱。由于阻尼小孔 c 的作用，使主阀芯上端的油液压力 p_2 小于下端油液压力 p_1，当这个压力差作用在主阀芯上的作用力等于或超过主阀弹簧力 F_S(轴向稳态液动力、摩擦力和主阀芯自重)时，主阀芯开启，油液从 P 口流入，经主阀阀口由 T 口溢流回油箱。

对于先导型溢流阀，由于阀芯上腔有控制压力 p_2 存在，所以主阀芯弹簧的刚度可以做得较小。当负载变化时，通过主阀芯的流量会有改变，阀口开度也随之增大或减小，主弹簧的附加压缩 Δx 发生相应的变化。由于主弹簧的刚度低，Δx 的变动量相对预压缩量 x_0 来说又很小，故溢流阀进口的压力 p_1 变化甚小；同理，由于先导阀的调压弹簧刚度亦不大，弹簧调定后，在溢流时上腔的控制压力 p_2 也基本不变，故先导型溢流阀在压力调定后，即使溢流量变化，进口处的压力 p_1 变化也很小，因此定压精度高。

由于先导型溢流阀的阀芯一般为锥阀，受压面积小，所以用一个刚度不太大的弹簧即可调整较高的压力 p_2，调节先导阀弹簧的预紧力，就可调节溢流阀的溢流压力。这种阀调压比较轻便，振动小，噪声低，压力稳定，但只有在先导阀和主阀都动作后才起控制压力的作用，因此反应不如直动型溢流阀快。

先导型溢流阀有一个远程控制口 K，如果将 K 口用油管接到另一个远程调压阀（远程调压阀的结构和溢流阀的先导控制部分一样），调节远程调压阀的弹簧力，即可调节溢流阀主阀芯上端的液压力，从而对溢流阀的溢流压力实现远程调压。但是，远程调压阀所能调节的最高压力不得超过溢流阀本身先导阀的调整压力。当远程控制口 K 通过二位二通阀接通油箱时，主阀芯上端的压力接近于零，主阀芯上移到最高位置，阀口开到最大。由于主阀弹簧较软，这时溢流阀 P 口处压力很低，系统的油液在低压下通过溢流阀流回油箱，实现卸荷。

(2)二级同心溢流阀

二级同心溢流阀是中高压新系列标准的液压阀，如图 6-16 所示为其结构。因主阀芯外圆和锥面需与阀套配合良好，两处同轴要求很高，所以称它为二级同心结构，其公称压力为 32 MPa。这种阀密封性能好，通流能力大，压力损失小，结构紧凑，加工精度和装配精度易于保证。

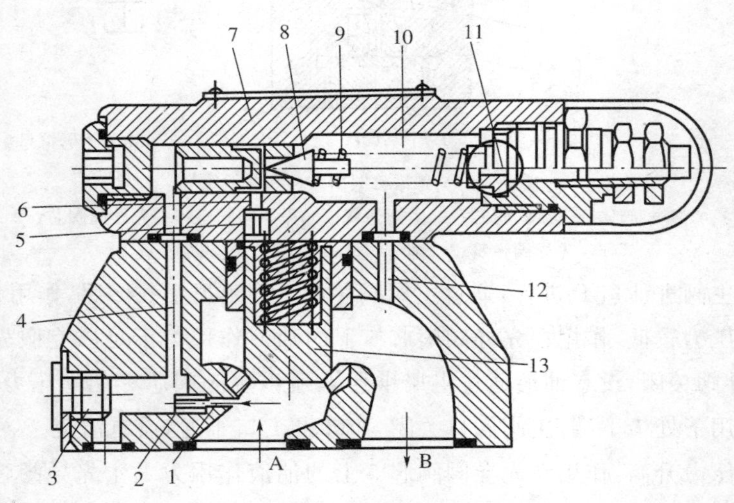

图 6-16 二级同心溢流阀的结构

1,4,6—控制油道；2,5—阻尼小孔；3—外供油口；7—先导阀；

8—先导阀阀芯；9—调压弹簧；10—弹簧腔；11,12—控制油回油道；13—主阀芯；

A—进油口；B—出油口

二级同心溢流阀是力士乐系列产品。阻尼小孔 2、5 的作用是当先导阀打开时，在主阀芯 13 上、下产生压力差，使主阀芯动作。

二级同心溢流阀中设有控制油内部供油道和内部排油道，同时还设有控制油外供油口和外排油口。这样，就可根据控制油供给和排出的方式不同，组合成内供内排、外供内排、内供外排、外供外排四种形式，以适应各种不同要求的系统。

3. 溢流阀的性能

溢流阀的性能包括溢流阀的静态性能和动态性能，在此只对静态性能作以简单介绍。静态性能是指溢流阀在稳定工况下（即系统压力没有突变时）溢流阀所控制的压力流量特性。

（1）压力调节范围

压力调节范围是指调压弹簧在规定的范围内调节时，系统压力能平稳地上升或下降，且无突跳及迟滞现象时的最大至最小调定压力。溢流阀的最大允许流量为其额定流量，在额定流量下工作时溢流阀应无噪声。溢流阀的最小稳定流量取决于它的压力平稳性要求，一般规定为额定流量的15%。

（2）启闭特性

启闭特性是指溢流阀在稳态情况下开启到闭合的过程中，被控压力与通过溢流阀的溢流量之间的关系。它是衡量溢流阀定压精度的一个重要指标，一般用溢流阀开始溢流时的开启压力 p_K 以及停止溢流的闭合压力 p_B 与额定流量下的调定压力 p_S 的比值 p_K/p_S、p_B/p_S 来衡量。前者称为开启比，后者称为闭合比，比值越大，溢流阀的闭合性越好。一般开启比大于90%，闭合比大于85%。直动型和先导型溢流阀的启闭特性曲线如图6-18所示。由图中可以看出，先导型溢流阀的启闭特性比直动型溢流阀好。

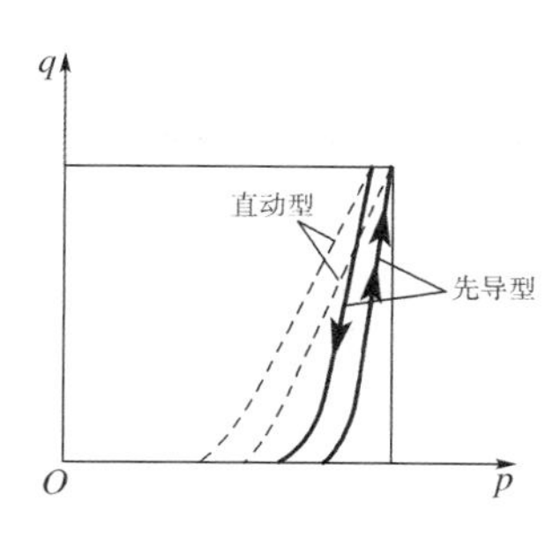

图6-17　溢流阀启闭特性曲线

（3）卸荷压力

当溢流阀的远程控制口与油箱相通时，额定流量下的压力损失称为卸荷压力。卸荷压力越小，油液通过溢流阀开口处的损失越小，油液的发热量也越小。

4. 溢流阀的一般应用

根据溢流阀在液压系统中所起的作用，溢流阀可作溢流阀、安全阀、卸荷阀和背压阀使用。

（1）作溢流阀用

在采用定量泵供油的液压系统中，由流量控制阀调节进入执行元件的流量，定量泵输出的多余油液则从溢流阀流回油箱。在工作过程中溢流阀口常开，系统的工作压力由溢流阀调整并保持基本恒定，如图6-18(a)所示的溢流阀1。

（2）作安全阀用

如图6-18(b)所示为一变量泵供油系统，执行元件速度由变量泵自身调节，系统中无多余油液，系统工作压力随负载变化而变化。正常工作时，溢流阀口关闭。一旦过载，溢流阀口立即打开，使油液流回油箱，系统压力不再升高，以保障系统安全。

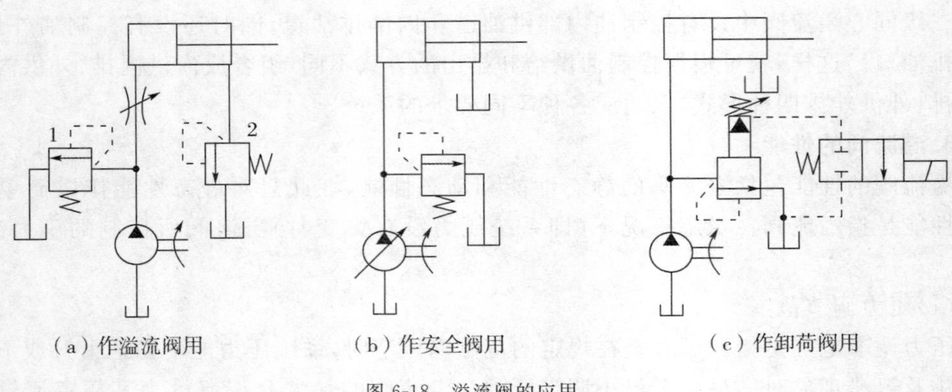

(a)作溢流阀用 (b)作安全阀用 (c)作卸荷阀用

图 6-18 溢流阀的应用

(3)作卸荷阀用

如图 6-18(c)所示,将先导型溢流阀远程控制口 K 通过二位二通电动换向阀与油箱连接。当电磁铁断电时,远程控制口 K 被堵塞,溢流阀起溢流稳压作用。当电磁铁通电时,远程控制口 K 通油箱,溢流阀的主阀芯上端压力接近于零,此时溢流阀口全开,回油阻力很小,泵输出的油液便在低压下经溢流阀口流回油箱,使液压泵卸荷,而减小系统功率损失,此时溢流阀起卸荷作用。

(4)作背压阀用

如图 6-18(a)所示,溢流阀 2 接在回油路上,可对回油产生阻力,即形成背压,利用背压可提高执行元件的运动平稳性。

二、减压阀

在一个液压系统中,往往使用一个液压泵,但需要供油的执行元件一般不止一个,而各执行元件工作时的液体压力不尽相同。一般情况下,液压泵的工作压力依据系统各执行元件中需要压力最高的那个执行元件的压力来选择,这样,由于其他执行元件的工作压力都比液压泵的供油压力低,则可以在各个分支油路上串联一个减压阀,通过调节减压阀使各执行元件获得合适的工作压力。因此,减压阀的作用有两个:一是将较高的入口压力减成较低的出口压力;二是保持出口压力的稳定。

减压阀按照结构形式和工作原理,可以分为直动型和先导型两大类。

减压阀按照压力调节要求的不同,可以分为定值减压阀、定差减压阀和定比减压阀。定值减压阀指用于保证出口压力为定值的减压阀;定差减压阀指用于保证进出口压力差不变的减压阀;定比减压阀指用于保证进出口压力成比例的减压阀。其中定值减压阀应用最为广泛,所以又简称减压阀。这里只介绍定值减压阀,在下面的内容中,如果不加说明,都是指定值减压阀。

1.J 型减压阀

如图 6-19 所示为 J 型减压阀的结构和图形符号。P_1 为进油口,P_2 为出油口。J 型减压阀在结构上与 Y 型溢流阀类似,不同之处是进、出油口与 Y 型溢流阀相反,阀芯的形状也不同，J 型减压阀阀芯中间多一个凸肩。此外，由于 J 型减压阀的进、出口都通液压油，所以通过先导阀的油液必须从泄油口 L 处另接油管，然后引入油箱（称为外部回油）。

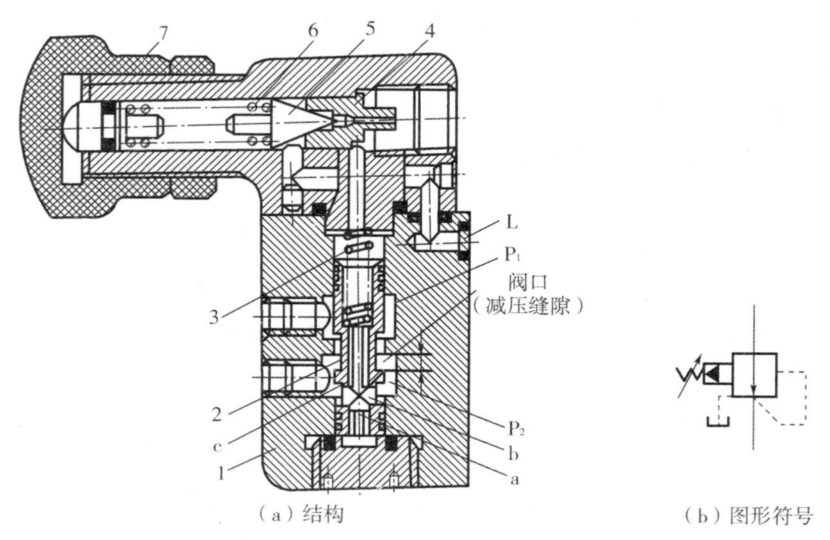

（a）结构　　（b）图形符号

图 6-19　J 型减压阀的结构和图形符号

1—阀体；2—主阀（减压）阀芯；3—主阀弹簧；4—先导阀阀座；5—先导阀阀芯；6—先导阀弹簧；7—调节螺母；a，b—小孔；c—阻尼小孔

J 型减压阀工作原理如下：高压油（也称一次液压油）从 P_1 口进入，低压油（也称二次液压油）从 P_2 口流出，同时 P_2 口的液压油经主阀阀芯上的小孔 b 作用在主阀芯的底部，并经阻尼小孔 c 至主阀芯上腔，作用在先导阀阀芯 5 上。当 P_2 口油压力低于先导阀弹簧 6 的调定压力时，先导阀关闭，主阀芯上阻尼小孔 c 中的油液不流动，主阀阀芯 2 上、下两腔压力相等，这时主阀芯在主阀弹簧 3 作用下处于最下端位置，阀口处于最大开口状态，不起减压作用。当 P_2 口的油压力超过先导阀弹簧 6 的调定压力时，先导阀打开，一小部分油液经阻尼小孔 c、先导阀和泄油口流回油箱。

由于阻尼小孔 c 的作用，在主阀芯上形成一个压力差，使主阀芯在两端压力差的作用下向上移动，使阀口关小而起到减压作用，这时出油口的压力即减压阀的调定压力。当负载继续增大，使出油口压力大于调定压力的瞬间，主阀芯立即上移，使阀口的开度 y 迅速减小，油液流动的阻力进一步增大，出口压力便自动下降，仍恢复为原来的调定值。由此可见，减压阀利用出油口的油液作用于阀芯上的压力和弹簧力相平衡来控制阀芯移动，保持出口压力恒定。

对比 J 型减压阀和 Y 型溢流阀可以发现，它们自动调节的作用原理是相似的，所不同的是：

（1）Y 型溢流阀保持进口压力基本不变，而 J 型减压阀保持出口压力基本不变。

（2）在不工作时，Y 型溢流阀进、出油口不通，而 J 型减压阀进、出油口互通。

（3）Y 型溢流阀调压弹簧腔的油液经阀的内部通道与溢流口相通，无外泄口；而 J 型减压阀是外部回油，有外泄口。

J 型减压阀的压力调节范围为 0.5～6.3 MPa，常用于中低压液压系统中，其出口压力的允许脉动值为±0.1 MPa。

减压阀和单向阀并联还可以组成单向减压阀，其作用和减压阀相同，但反向时油液通过单向阀流出，不受减压阀的限制。

2. 减压阀的一般应用

减压回路的功用是使系统中的某一部分油路具有较低的稳定压力，它在夹紧系统、控制系统、润滑系统中应用较多。如图 6-20(a)所示为常见的一种减压回路。液压泵的最大工作压力由溢流阀 6 来调节，夹紧工作所需要的夹紧力可用减压阀 2 来调节，注意只有当液压缸 5 将工件夹紧后，液压泵 1 才能给主系统供油。单向阀 3 的作用是防止主油路压力降低时(低于减压阀的调定压力)油液倒流，使夹紧缸的夹紧力不致受主系统压力波动的影响，起到短时保压的效果。

减压回路也可以采用类似两级或多级调压的方法获得两级或多级减压。如图 6-20(b)所示为利用先导型减压阀 7 的远程控制口接一远程调压阀 8 获得两级减压的回路，要注意使远程调压阀 8 的调定压力值一定要低于先导型减压阀 7 的调定压力值。

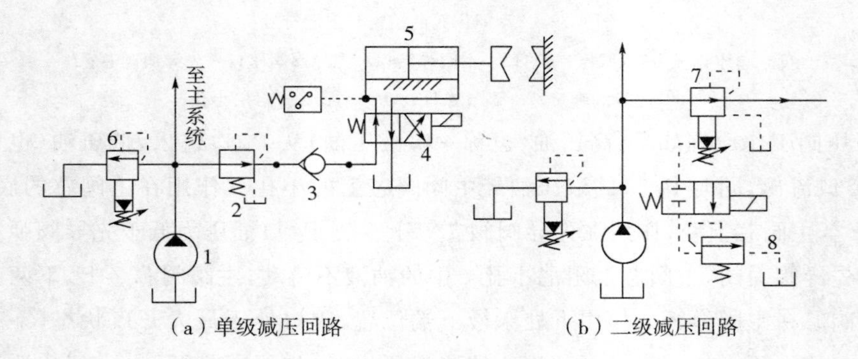

（a）单级减压回路　　（b）二级减压回路

图 6-20　减压回路

1—液压泵；2—减压阀；3—单向阀；4—换向阀；5—液压缸；6—溢流阀；7—先导型减压阀；8—远程调压阀

为了使减压回路工作可靠，减压阀的调整压力应在调压范围内，一般不小于 0.5 MPa，最高调定压力至少比系统压力低 0.5 MPa。当减压回路中的执行元件需要调速时，应将调速元件放在减压阀之后，因为减压阀起减压作用时，有一小部分油液从先导阀流回油箱，调速元件放在减压阀的后面，则可避免这部分流量对执行元件速度的影响。

3. 定差减压阀

定差减压阀是使进、出油口之间的压力差等于或近似于不变的减压阀，其工作原理如图 6-21 所示。高压油 p_1 经节流口减压后以低压 p_2 流出，同时，低压油经阀芯中心孔将压力传至阀芯上腔，则其进、出油液压力在阀芯有效作用面积上的压力差与弹簧力相平衡。

$$\Delta p = p_1 - p_2 = \frac{k_s(x_c + x_R)}{\frac{\pi}{4}(D^2 - d^2)} \tag{6-1}$$

式中　x_R——阀芯开口大小；

x_c——当阀芯开口 $x_R = 0$ 时，弹簧的预压缩量；

k_s——弹簧刚度。

由上式可知，只要尽量减小弹簧刚度 k_s 和阀口开度 x_R，就可使压力差近似地保持为定值。

4. 定比减压阀

定比减压阀能使进、出油口压力的比值维持恒定。如图 6-22 所示为其工作原理。阀芯在稳态时忽略稳态液动力、阀芯的自重和摩擦力时可得到力平衡方程为

$$p_1A_1+k_s(x_c+x_R)=p_2A_2 \tag{6-2}$$

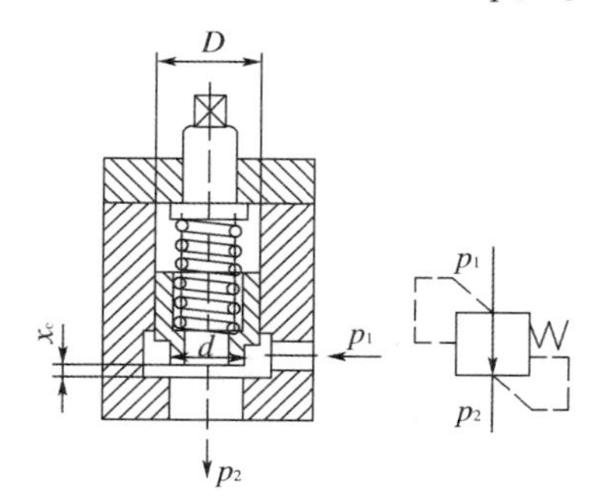

图 6-21　定差减压阀的工作原理

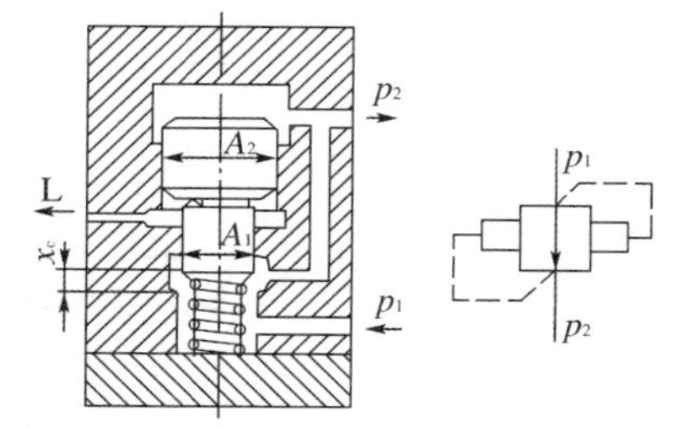

图 6-22　定比减压阀的工作原理

若忽略弹簧力（刚度较小），则有（减压比）为

$$\frac{p_2}{p_1}=\frac{A_1}{A_2}$$

由此可见，选择阀芯的作用面积 A_1 和 A_2，便可得到所要求的压力比，且比值近似恒定。

三、顺序阀

在液压系统中，有些动作是有一定规律的。顺序阀就是把不同或相同的压力作为控制信号，自动接通或者切断某一油路，控制执行元件按照一定顺序进行动作的压力阀。

按照控制方式的不同，顺序阀一般分为内控式和外控式两种。所谓内控式就是直接利用阀进口处的液压油压力来控制阀口的启闭；外控式则是利用外来的控制油压来控制阀口的开关，所以，这种形式的顺序阀也称液控式。一般常用的顺序阀都是指内控式。从结构上来说，顺序阀同样也有直动型和先导型两种。由于直动型顺序阀结构简单，动作可靠，能满足大多情况下的使用要求，因此，目前应用较多的是直动型顺序阀。

1. 顺序阀的工作原理

顺序阀的工作原理和溢流阀相似。它们的主要区别在于：溢流阀的出口接油箱，而顺序阀的出口接执行元件；顺序阀的内泄漏油不能用通道与出油口相连，而必须用专门的泄油口接通油箱。

2. 顺序阀的结构

如图 6-23(a)所示为直动型顺序阀的结构。常态下，进油口 P_1 与出油口 P_2 不通。进口油液经阀体 3 和下盖 1 上的油道流到活塞 2 的底部，当进口油液压力低于弹簧 5 的调定压力时，阀口关闭。当进口压力高于弹簧调定压力时，活塞在油液压力的作用下克服弹簧力将阀芯 4 顶起，使 P_1 口与 P_2 口相通，液压油经阀口流出。弹簧腔的泄漏油从泄油口 L 流回油

箱。因顺序阀的控制油液直接由进油口引入，故称为内控外泄式顺序阀。其图形符号如图 6-23(b)所示。

若将图 6-23(a)中的下盖 1 旋转 180°安装，切断原来的控制油路，将外控口 K 的螺塞取下，接通控制油路，则阀的开启由外部压力由控制，便构成外控外泄式顺序阀，其图形符号如图 6-23(c)所示。若再将上盖 6 旋转 180°安装，并将外泄口 L 堵塞，则弹簧腔与出口相通，构成外控内泄式顺序阀，其图形符号如图 6-23(d)所示。

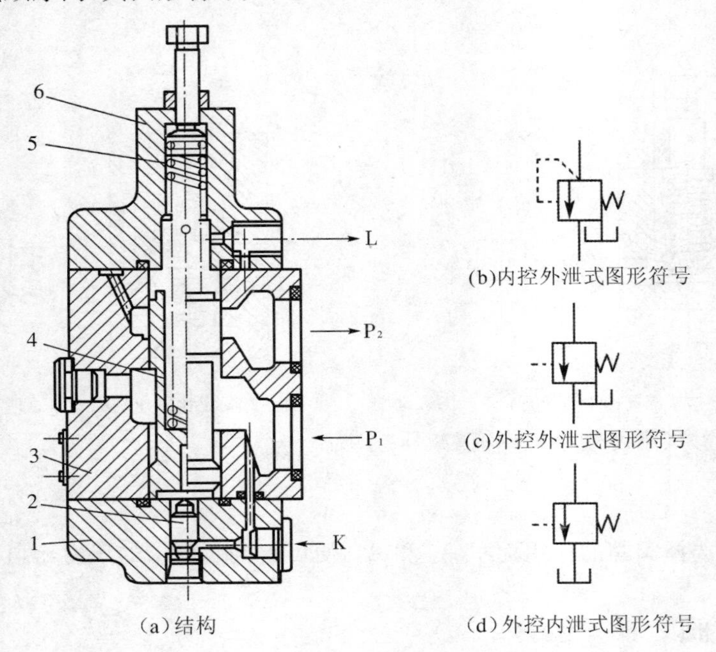

图 6-23 直动型顺序阀的结构和图形符号

1—下盖；2—活塞；3—阀体；4—阀芯；5—弹簧；6—上盖

3. 顺序阀的一般应用

(1)控制多个执行元件的顺序动作。

(2)作背压阀用，用内控式顺序阀接在液压缸回油路上，以使活塞的运动速度稳定。

(3)作卸荷阀用，用外控式顺序阀使液压泵在工作需要时可以卸荷。

(4)作平衡阀用，在平衡回路中连接一单向顺序阀，以保持垂直放置的液压缸不因自重而下落。

四、压力继电器

压力继电器是一种将油液的压力信号转换成电信号的电液控制元件。当油液压力达到压力继电器的调定压力时，即发出电信号，以控制电磁铁、电磁离合器、继电器等元件工作，使油路卸压、换向、执行元件实现顺序动作，或关闭电动机，使系统停止工作，起安全保护作用等。如图 6-24 所示为单柱塞式压力继电器的结构和图形符号。当从压力继电器下端进油口通入的油液压力达到调定压力值时，推动柱塞上移，此位移通过杠杆放大后推动开关动作。改变弹簧的压缩量即可以调节压力继电器的工作压力。

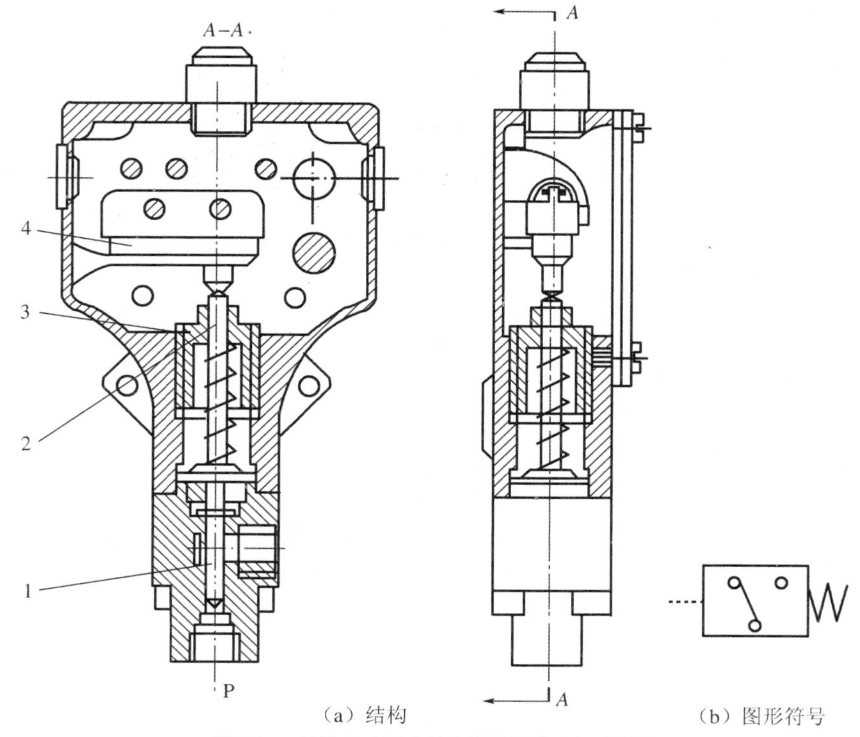

（a）结构　　　　（b）图形符号

图 6-24　单柱塞式压力继电器的结构和图形符号

1—柱塞；2—顶杆；3—调节螺钉；4—微动开关

任务3　流量控制阀的选用

在液压系统中，执行元件的运动速度大小是靠调节执行元件中流量的多少来实现的。流量控制阀简称流量阀，它通过改变节流口通流面积或通流道的长短来改变局部阻力的大小，从而实现对流量的控制，进而改变执行机构的运动速度。流量控制阀是节流调速系统中的基本调节元件。在定量泵供油的节流调速系统中，必须将流量控制阀与溢流阀配合使用，将多余的流量排回油箱。通常使用的流量控制阀包括节流阀和调速阀。

对流量控制阀的主要性能要求是：

(1)堵塞的可能性小，保证有稳定的最小流量。

(2)当油温发生变化时，通过流量控制阀的流量变化要小。

(3)要有较大的流量调节范围。

(4)液流通过流量控制阀的压力损失要小。

(5)流量控制阀的内、外泄漏量要小。

一、流量控制原理及节流口形式

1.节流口的流量控制原理

任何一个流量控制阀都有一个节流部分，称为节流口。节流口是流量控制阀的关键部位，节流口的形式及其特性在很大程度上决定着流量控制阀的性能，改变节流口的通流面积就可以改变通过流量控制阀的流量。流量控制阀的节流口通常有三种基本形式：薄壁孔、细长孔、后壁孔。实用的节流口都介于理想的薄壁孔和细长孔之间。对于节流口来说，可将流量公式写成下列形式

$$q=KA\Delta p^{m} \tag{6-3}$$

式中　K——节流系数，由节流口形状、流体流态、流体性质等因素决定，数值由实验得出，对薄壁孔 $K=C_{d}\sqrt{\frac{2}{\rho}}$，对细长孔 $K=\frac{d^{2}}{32\mu L}$，其中 C_{d} 为流量系数，μ 为动力黏度，d 和 L 为孔径和孔长；

A——节流孔的通流面积，m^2；

Δp——节流口前、后的压差，Pa；

m——由节流口形状和结构决定的指数，$0.5<m<1$，当节流口接近于薄壁孔时，$m=0.5$，节流口越接近于细长孔，m 就越接近于 1。

式(6-3)说明通过节流口的流量与节流口截面积及节流口两端的压力差的 m 次方成正比。它的特殊情况是 $m=0.5$。在阀口压力差基本恒定的条件下，调节阀口节流面积的大小，就可以调节流量的大小。节流口的流量特性曲线如图 6-25 所示。

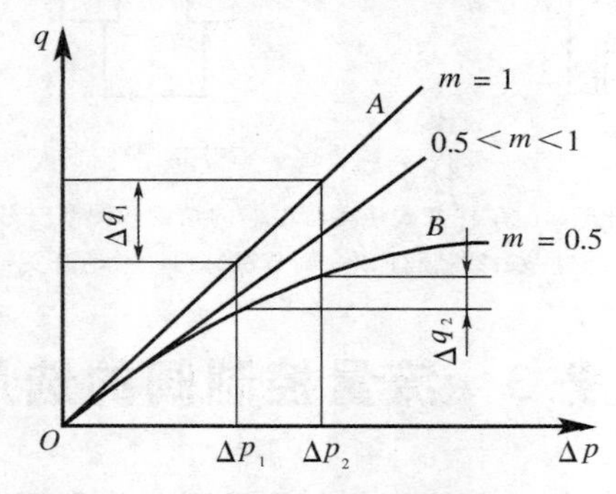

图 6-25　节流口的流量特性曲线

2. 影响流量稳定性的因素

液压系统在工作时，将节流口大小调节好，流量 q 稳定不变。但实际上流量总会有变化，特别是小流量时流量稳定性与节流口形状、节流压差以及油液温度等因素有关。

(1)压差 Δp 的变化对流量稳定性的影响

当节流口前后压差变化时，通过节流口的流量将随之改变，节流口的这种特性可用流量刚度来表示。节流阀的刚度 T 定义为节流阀的通流截面一定时，节流阀的前后压差发生的变化量，即节流口的流量刚度 T 为

$$T=\frac{\partial(\Delta p)}{\partial p}=\frac{1}{m}\cdot\frac{\Delta p}{q} \tag{6-4}$$

流量的刚度反映了节流口在负载压力变化时保持流量稳定的能力。节流口的流量刚度越大，流量稳定性越好，用于液压系统时所获得的负载特性也越好。

①节流口的流量刚度与节流口压差成正比，压差越大，刚度就越大。

②当节流口压差一定时，刚度与流量成反比，通过节流口的流量越小，刚度就越大。

③m 越小，刚度越大。m 越大，Δp 变化后对流量的影响就越大，薄壁孔($m=0.5$)比细长孔($m=1$)的流量稳定性受 Δp 变化的影响要小。因此，为了获得较小的系数，应尽量避免

采用细长孔节流口，即避免使流体在层流状态下流动；而且应尽可能使节流口形式接近于薄壁孔，也就是说让流体在节流口处于紊流状态，以获得较好的流量稳定性。

（2）油温变化对流量稳定性的影响

液压传动的工作介质是矿物油。矿物油的黏性受温度的影响很大。当开口度不变时，若油温升高，油液黏度会降低。对于细长孔，当油温升高使油的黏度降低时，流量 q 就会增加。所以节流通道长时温度对流量的稳定性影响大。而对于薄壁孔，油的温度对流量的影响是较小的，这是由于节流口形式越接近于薄壁孔，流量稳定性就越好。

（3）阻塞对流量稳定性的影响

流量小时，流量稳定性与油液的性质和节流口的结构有关。表面上看只要把节流口关得足够小，便能得到任意小的流量。但流量控制阀在工作时，油液随温度的变化而生成沉淀物，与油中其他机械杂质混合，易堵塞节流口，这些杂质随机堵塞节流口，从而导致节流阀的流量时多时少，影响流量的稳定性。

为保持液压系统元件的运行平稳性，通常采用薄壁孔节流口，同时控制液压系统的温度、速度和提高油液的过滤精度，选择化学稳定性和抗氧化稳定性好的油液，定期换液，以减小杂质对节流口的堵塞影响。

（4）流量调节范围和最小稳定流量

流量控制阀的流量调节范围是指流量控制阀最大开口量时的流量与最小开口量时的最小稳定流量的比值，目前国产元件的流量调节范围可以很大。

所谓最小稳定流量就是流量控制阀在最小的开口量和一定的压差下能够长期保持其调节的流量恒定。这个值越小，说明流量控制阀节流口的通流性越好，允许系统的最低速度越低。其物理意义是：为了保证系统在低速工作时速度的稳定性，最小稳定流量必须小于系统的最低速度所决定的流量值。目前国产轴向三角槽式流量控制阀的最小稳定流量为 30～50 mL/min，而薄壁孔流量控制阀的最小稳定流量为 20 mL/min 左右。

3. 节流口的形式

流量大小的控制原理十分简单，当流量控制阀在液体流经阀口时，通过改变节流口过流断面积的大小或者液流通道的长短，从而改变液阻（造成压力降低、压力损失），进而控制和改变通过阀口的流量，以达到调节执行元件（液压缸、液压马达等）运动速度的目的。流量控制阀节流口有三种基本形式：薄壁孔、细长孔和后壁孔。实际使用的节流口形式如图 6-26 所示。

如图 6-26(a)所示为针阀式节流口，针阀做轴向移动，改变通流面积，以调节流量。其结构简单，但流量稳定性差，一般用于要求不高的场合。如图 6-26(b)所示为偏心式节流口，阀芯上开有截面为三角形或矩形的偏心槽，转动阀芯就可改变通流面积以调节流量，由于其阀芯受径向作用的不平衡力，适用于压力较低场合。如图 6-26(c)所示为轴向三角槽式节流口，阀芯端部开有一个或两个斜三角槽，在轴向移动时，阀芯就可改变通流面积的大小，其结构简单，可获得较小的稳定流量，应用广泛。

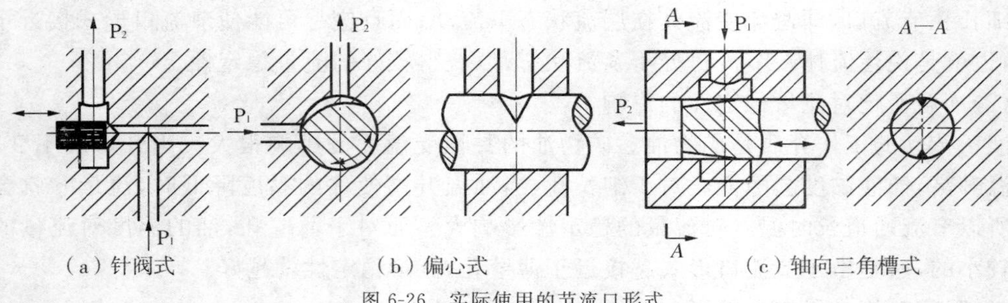

（a）针阀式　　（b）偏心式　　（c）轴向三角槽式

图 6-26　实际使用的节流口形式

二、节流阀

1. 性能

节流阀是通过改变节流截面或节流长度以控制液体流量的阀。将节流阀和单向阀并联则可组合成单向节流阀。节流阀是简易的流量控制阀，在定量泵液压系统中，节流阀和溢流阀配合，可组成三种节流调速系统，即进油路节流调速系统、回油路节流调速系统和旁路节流调速系统。节流阀没有流量负载反馈功能，不能补偿由负载变化所造成的速度不稳定，一般仅用于负载变化不大或对速度稳定性要求不高的场合。

对节流阀的性能的要求：

(1)流量调节范围大，流量的压差变化平滑。

(2)内泄漏量小，若有外泄漏油口，外泄漏量也要小。

(3)调节力矩小，动作灵敏。

2. 结构及工作原理

如图 6-27(a)所示为节流阀的结构，它的节流口是轴向三角槽式。打开节流阀时，液压油从进油口 P_1 进入，经小孔 a、阀芯 1 左端的轴向三角槽、小孔 b 和出油口 P_2 流出。阀芯 1 在弹簧力的作用下始终紧贴在推杆 2 的端部。旋转手轮 3，可使推杆沿轴向移动，改变节流口的通流面积，从而调节通过节流阀的流量。如图 6-27(b)所示为节流阀的图形符号。

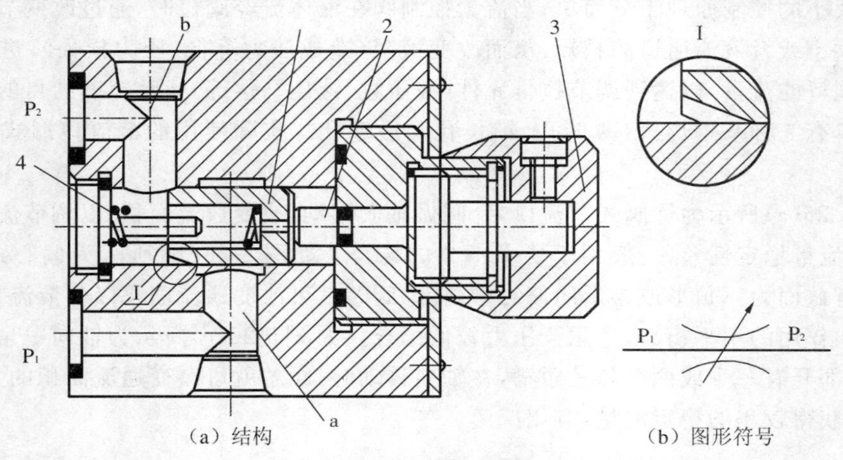

（a）结构　　（b）图形符号

图 6-27　节流阀的结构和图形符号

1—阀芯；2—推杆；3—手轮；4—弹簧；a，b—小孔

3. 一般应用

节流阀结构简单、体积小、成本低、使用方便、维护保养容易。但由于负载和温度的变化

对流量的稳定性影响比较大，所以，节流阀只适用于负载和温度变化不大的场合，或者对执行元件速度稳定性要求不高的液压系统。

具体使用中，节流阀在定量泵的液压系统中与溢流阀配合，组成进油口、出油口、旁路油口的节流调速回路，调节执行元件的速度，或者与变量泵和安全阀组合使用。另外，节流阀也可以作为背压阀使用。

三、调速阀

在液压系统中，当负载的变化比较大，速度稳定性要求又高时，节流阀显然不能胜任，在这种情况下要采用调速阀。

1. 结构及工作原理

如图 6-28(a)所示为调速阀的结构，如图 6-28(b)所示为调速阀的图形符号，如图 6-28(c)所示为其简化图形符号。

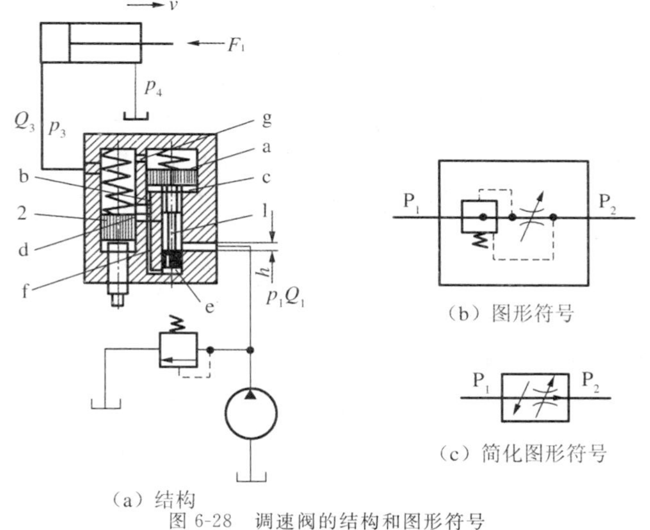

(a) 结构　(b) 图形符号　(c) 简化图形符号

图 6-28　调速阀的结构和图形符号

1—减压阀阀芯；2—节流阀；a—上腔；b、f、g—小孔；c、e—下腔；d—出油腔

调速阀是由一个减压阀后面串联一个普通节流阀组成的组合阀。其工作原理是利用前面的减压阀保证后面节流阀的前后压差不随负载而变化，进而来保持速度稳定的。当压力为 p_1 的油液流入时，经减压阀阀口 h 后压力降为 p_2，分别经小孔 b 和 f 进入下腔 c 和 e。减压阀出口即出油腔 d，同时也是节流阀 2 的入口。油液经节流阀后，压力由 p_2 降为 p_3，压力为 p_3 的油液一部分经调速阀的出口进入执行元件(液压缸)，另一部分经小孔 g 进入减压阀阀芯 1 的上腔 a。调速阀稳定工作时，其减压阀阀芯 1 在上腔 a 的弹簧，压力为 p_3 的油压力和下腔 c、e 的压力为 p_2 的油压力(不计液动力、摩擦力和重力)的作用下，处在某个平衡位置上。当负载 F_L 增加时，p_3 增加，上腔 a 的液压力亦增加，减压阀阀芯 1 下移至一新的平衡位置，阀口 h 增大，其减压能力降低，使压力为 p_1 的入口油压降减小一些，故 p_2 值相对增加。所以，当 p_3 增加时，p_2 也增加，因而差值(p_2-p_3)基本保持不变；反之亦然。于是通过调速阀的流量不变，液压缸的速度稳定，不受负载变化的影响。

2. 静特性曲线

如图 6-29 所示为调速阀与节流阀的性能比较。从图中可以看出，调速阀的流量很稳定，不受外界压力变化的影响。但在压差较小时，调速阀的性能与普通节流阀相同，即二者曲线重合，这是由于较小的压差不能使调速阀中的减压阀芯抬起，不起减压作用，整个调速阀相当于节流阀。因此，为了保证调速阀正常工作，必须保证其前后压差至少为0.4～0.5 MPa，这样才能发挥调速阀的作用。

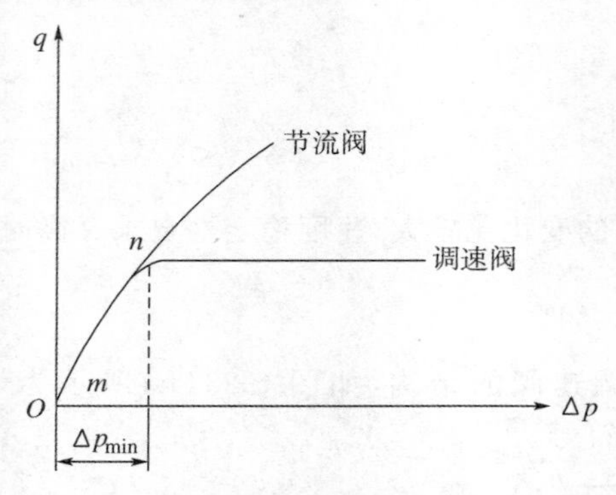

图 6-29 调速阀与节流阀的性能比较

3. 一般应用

调速阀的应用和普通节流阀完全相似，可以与定量泵和溢流阀配合，组成进油口、出油口、旁路油口的节流调速回路，调节执行元件的速度，或者与变量泵和安全阀组合使用，组成容积节流调速回路等。与节流阀不同的地方是，调速阀用在对速度稳定性要求比较高的液压系统中。

思考题与习题

(1)换向阀在液压系统中起什么作用？通常有哪些类型？

(2)什么是换向阀的“位”与“通”？什么是换向阀的滑阀机能？

(3)单向阀能否作为背压阀使用？

(4)选择三位换向阀的中位机能时应考虑哪些问题？

(5)什么是三位换向阀的中位机能？O型和H型中位机能有什么特点和作用？

(6)分别说明普通单向阀和液控单向阀的作用。它们有哪些实际用途？

(7)先导型溢流阀的远程控制油口分别接入油箱或另一远程调压阀时，会出现什么现象？

(8)顺序阀有哪几种控制方式和泄油方式？举例说明。

(9)使用顺序阀时应注意哪些问题？

(10)现有两个压力阀，由于铭牌脱落，分不清哪个是溢流阀，哪个是减压阀，又不希望把阀拆开，如何根据其特点作出正确判断？

(11)溢流阀的主要作用有哪些？

(12)什么是溢流阀的开启压力和调整压力？

(13)先导型溢流阀和直动型溢流阀各有什么特点？它们都应用在什么场合？

(14)比较溢流阀、减压阀、顺序阀的异同点。

(15)比较节流阀和调速阀的异同点。

(16)调速阀为什么能够使执行机构的运动速度稳定？

项目7 液压基本回路

项目引导

基本回路的种类很多，但按其在系统中的功能一般分为四大类：方向控制回路，即改变执行元件运动方向用的换向回路和锁紧回路；速度控制回路，即调节和变换执行元件的运动速度用的调速回路和快速运动回路等；压力控制回路，即控制液压系统全部或局部压力而采用的调压回路、减压回路、平衡回路和卸荷回路等；多缸动作控制回路，即控制多个执行元件的顺序动作回路和同步回路等。

相关知识

任务1 方向控制回路

方向控制回路的作用是利用各种方向阀来控制流体的通断和变向，以便使执行元件启动、停止和换向。

在液压系统中，工作机构的启动、停止或变化运动方向等都是利用控制进入执行元件液流的通、断及改变流动方向来实现的。实现这些功能的回路称为方向控制回路。常见的方向控制回路有换向回路和锁紧回路。

一、换向回路

换向回路用于控制液压系统中液流方向，从而改变执行元件的运动方向。下面主要介绍由电动换向阀和液动换向阀组成的换向回路。

如图7-1所示为利用行程开关控制三位四通电动换向阀动作的换向回路。按下启动按钮，1YA通电，阀左位工作，液压缸左腔进油，活塞右移；当触动行程开关2ST时，1YA断电，2YA 通电，阀右位工作，液压缸右腔进油，活塞左移；触动行程开关 1ST 时，1YA 通电，2YA 断电，阀又左位工作，液压缸又左腔进油，活塞又向右移。这样往复变换换向阀的工作位置，就可自动改变活塞的移动方向。1YA 和 2YA 都断电，活塞停止运动。

采用二位四通、三位四通、三位五通电动换向阀组成的换向回路是较常用的。电动换向阀组成的换向回路操作方便，易于实现自动化，但换向时间短，故换向冲击大（尤以交流电动换向阀更甚），适用于小流量、平稳性要求不高的场合。

二、锁紧回路

能使液压缸在任意位置上停留，且停留后不会在外力作用下移动位置的回路称为锁紧回路。凡采用 M 型或 O 型滑阀机能换向阀的回路，都能使执行元件锁紧。但由于普通换向阀的密封性较差，泄漏较大，当执行元件长时间停止时，就会出现松动，而影响锁紧精度。

如图 7-2 所示为采用液压锁（由两个液控单向阀组成）的锁紧回路。液压缸两个油口处各装一个液控单向阀，当换向阀处于左位或右位工作时，液控单向阀控制口 X_2 或 X_1 通入液压油，缸的回油便可反向通过单向阀口，此时活塞可向右或向左移动；当换向阀处于中位时，因阀的中位机能为 H 型，两个液控单向阀的控制油直接通油箱，故控制压力立即消失（Y 型中位机能亦可），液控单向阀不再反向导通，液压缸因两腔油液封闭便被锁紧。由于液控单向阀的反向阀的反向密封性很好，因此锁紧可靠。

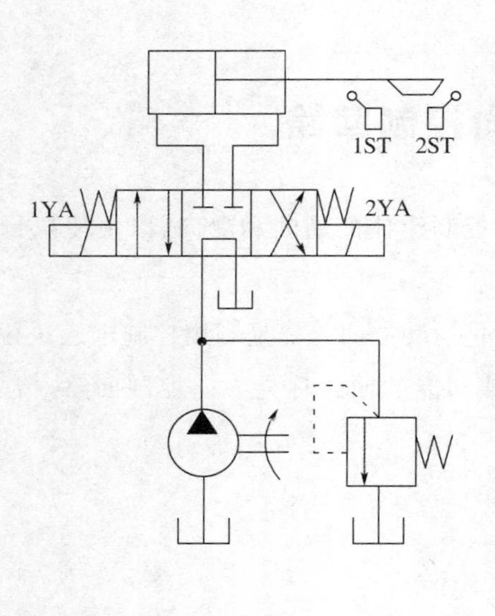

图 7-1　换向回路

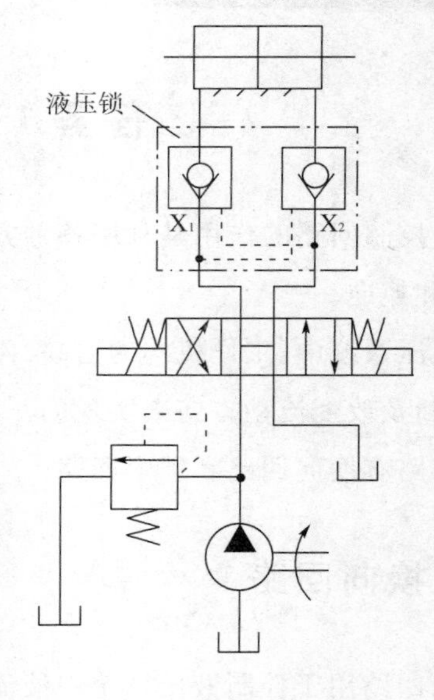

图 7-2　锁紧回路

任务 2　速度控制回路

一、调速回路

假设输入执行元件的流量为 q，液压缸的有效面积为 A，液压马达的排量为 V_M，则液压缸的运动速度为 $v=q/A$。液压马达的转速为 $n=q/V_M$。由以上两式可知，改变输入液压执行元件的流量 q（或液压马达的排量 V_M）可以达到改变速度的目的。

调速方法有以下三种：

节流调速——采用定量泵供油，由流量控制阀改变进入执行元件的流量以实现调速；

容积调速——采用变量泵或变量马达实现调速；

容积节流调速——采用变量泵和流量控制阀联合调速。

1. 节流调速回路

节流调速回路在定量液压泵供油的液压系统中安装了流量控制阀，调节进入液压缸的油液流量，从而调节执行元件工作行程速度。该回路结构简单，成本低，使用及维修方便，但它的能量损失大，效率低，发热大，故一般只用于小功率场合。

根据流量控制阀在油路中安装位置的不同，可分为进油路节流调速、回油路节流调速、旁油路节流调速等形式。

（1）进油路节流调速回路

把流量控制阀串联在执行元件的进油路上的调速回路称为进油路节流调速回路，如图 7-3 所示。回路工作时，液压泵输出的油液（压力 p_B 由溢流阀调定），经可调节流阀进入液压缸左腔，推动活塞向右运动，右腔的油液则流回油箱。液压缸左腔的油液压力 p_1 由作用在活塞上的负载阻力 F 的大小决定。液压缸右腔的油液压力 $p_2\approx0$，进入液压缸油液的流量 q_1 由节流阀调节，多余的油液 q_2 经溢流阀流回油箱。

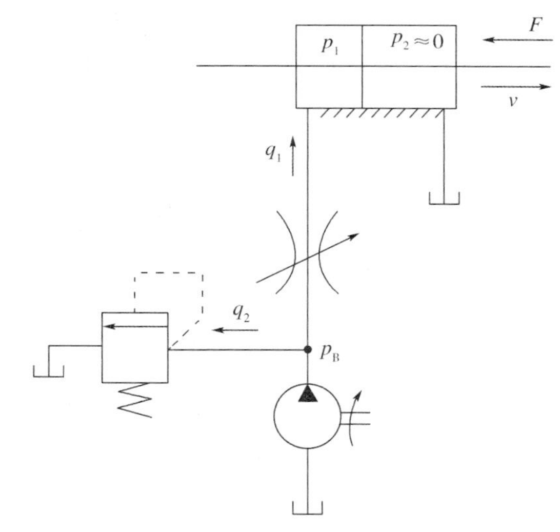

图 7-3　进油路节流调速回路

若 A 为活塞的有效作用面积，A_0 为流量控制阀节流口通流截面积，当活塞带动执行机构以速度 v 向右作匀速运动时，作用在活塞两个方向上的力互相平衡，则

$$p_1=F/A \tag{7-1}$$

$$p_1A=F \tag{7-2}$$

设节流阀前、后的压力差为 Δp，则 $\Delta p=p_B-p_1$。

由于经流量控制阀流入液压缸右腔的流量为

$$q_1 = KA_0 \Delta p^m = KA_0 \sqrt{\Delta p} \tag{7-7}$$

所以活塞的运动速度为

$$v = \frac{q_1}{A} = \frac{KA_0}{A}\sqrt{\Delta p} = \frac{KA_0}{A}\sqrt{P_B - \frac{F}{A}} \tag{7-8}$$

进油路节流调速回路的特点如下：

①结构简单，使用简单：由于活塞运动速度 v 与节流阀口通流截面积 A_0 成正比，则调节 A_0 即可方便地调节活塞运动速度。

②可以获得较大的推力和较低的速度：液压缸回油腔和回油管路中油液压力很低，接近于零，且当单活塞杆液压缸在无活塞杆腔进油实现工作进给时，活塞有效作用面积较大，故输出推力较大，速度较低。

③速度稳定性差：液压泵工作压力 p_B 经溢流阀调定后近于恒定，节流阀调定后 A_0 也不变，活塞有效作用面积 A 为常量，所以活塞运动速度 v 将随负载 F 的变化而波动。

④运动平稳性差：由于回油路压力为零，即回油腔没有背压力，当负载突然变小、为零或为负值时，活塞会产生突然前冲。为了提高运动的平稳性，通常在回油管路中串联一个背压阀（换装大刚度弹簧的单向阀或溢流阀）。

⑤系统效率低，传递功率低：因液压泵输出的流量和压力在系统工作时经调定后均不变，所以液压泵的输出功率为定值。当执行元件在轻载低速下工作时，液压泵输出功率中有很大部分消耗在溢流阀和节流阀上，流量损失和压力损失大，系统效率很低。功率损耗会引起油液发热，使进入液压缸的油液温度升高，导致泄漏增加。

用节流阀的进油路节流调速回路一般应用于功率较小、负载变化不大的液压系统中。

（2）回油路节流调速回路

把流量控制阀安装在执行元件通往油箱的回油路上的调速回路称为回油路节流调速回路，如图 7-4 所示。

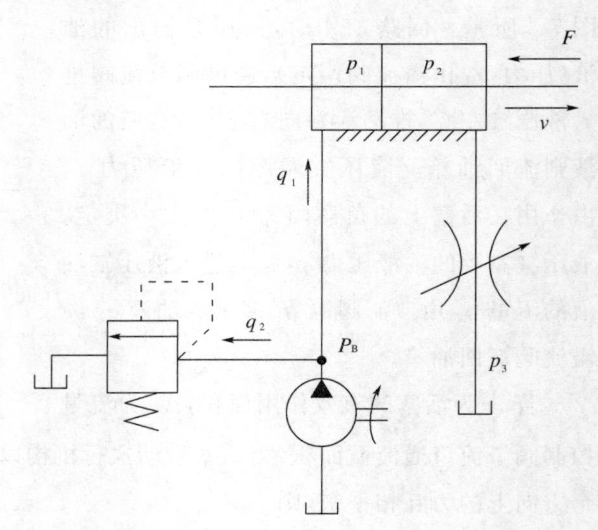

图 7-4 回油路节流调速回路

和前面分析相同，当活塞匀速运动时，活塞上的作用力平衡方程为

$$p_1 A = F + p_2 A \tag{7-5}$$

p_1 等于由溢流阀调定的液压泵出口压力 p_B，即 $p_1 = p_B$，则

$$p_2 = p_1 - (F/A) = p_B - (F/A) \tag{7-6}$$

节流阀前、后的压力差 $\Delta p = p_2 - p_3$，因节流阀出口接油箱，即 $p_3 \approx 0$，所以有

$$\Delta p = p_2 = p_B - (F/A) \tag{7-7}$$

活塞运动速度为

$$v = \frac{q_1}{A} = \frac{KA_0}{A}\sqrt{\Delta p} = \frac{KA_0}{A}\sqrt{p_B - \frac{F}{A}} \tag{7-8}$$

式(7-8)与进油路节流调速回路所得的公式完全相同，故两种回路具有相似的调速特点。因此对进油路节流调速回路的一些分析对回油路节流调速回路完全适用。但是，在实际使用中，它们也有不同之处：

①负值负载的能力：回油路节流调速回路的节流阀使液压缸回油腔形成一定的背压，在负值负载时，背压能阻止工作部件的前冲，即能在负值负载下工作，而进油路节流调速回路由于回油腔没有背压，因而不能在负值负载下工作。

②停车后的启动性能：长期停车后液压缸油腔会流回油箱。当液压泵重新向液压缸供油时，在回油路节流调速回路中，由于进油路上没有节流阀控制流量，会使活塞前冲；而在进油路节流调速回路中，由于进油路上有节流阀控制流量，故活塞前冲很小，甚至没有前冲。

③实现压力控制的方便性：在进油路节流调速回路中，进油腔的压力将随负载而变化，当工作部件碰到止挡块而停止后，其压力将升到溢流的调定压力，利用这一压力变化来实现压力控制是很方便的；但在回油路节流调速回路中，只有回路腔的压力才会随负载而变化，当工作部件碰到止挡块后，其压力将降至零，虽然也可以利用这一压力变化来实现压力控制，但其可靠性差，一般均不采用。

④发热及泄漏的影响：在进油路节流调速回路中，经过节流阀发热后的液压油将直接进入液压缸的进油腔；而在回油路节流调速回路中，经过节流阀发热后的液压将直接流回油箱冷却。因此，发热和泄漏对进油路节流调速回路的影响均大于对回油路节流调速回路的影响。

⑤运动平衡性：在回油路节流调速回路中，由于有背压存在，它可以起到阻尼作用，同时空气也不易渗入，而在进油路节流调速回路中则没有背压存在，因此，可以认为回油路节流调速回路的运动平稳性好一些；但是，从另一方面讲，在使用单杆液压缸的场合，无杆腔的进油量大于有杆腔的回油量，故在缸径、缸体速度均相同的情况下，进油路节流调速回路的节流阀同流面积较大，低速时不易堵塞。因此，进油路节流调速回路能获得更低的稳定速度。

回油路节流调速回路广泛应用于功率不大、负载变化较大或运动平稳性要求较高的液压系统中。

(3)旁油路节流调速回路

如图7-5所示，将节流阀设置在与执行元件并联的旁油路上，即构成了旁油路节流调速回路。在该回路中，节流阀调节了液压泵溢回油箱的流量 q_2，从而控制了进入液压缸的流

量 q_1，调节流量控制阀的通流面积即可实现调速。这时，溢流阀作为安全阀，常态时关闭。回路中只有节流损失，无溢流损失，功率损失较小，系统效率较高。

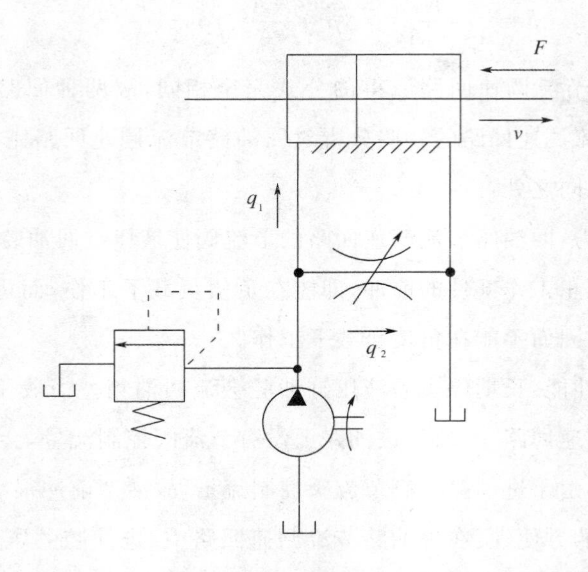

图 7-5 旁油路节流调速回路

旁油路节流调速回路主要用于高速、重载、对速度平稳性要求不高的场合。使用节流阀的节流调速回路，速度受负载变化的影响比较大，即速度稳定性较差，为了克服这个缺点，在回路中可用调速阀替代节流阀。

2. 容积调速回路

容积调速回路是通过改变泵或马达的排量来实现调速的。其主要优点是没有节流损失和溢流损失，因而效率高，油液温升小，适用于高速、大功率调速系统。缺点是变量泵和变量马达的结构较复杂，成本较高。容积调速回路多用于工程机械、矿山机械、农业机械和大型机床等大功率的调速系统中。

根据油液的循环方式不同，容积调速回路可分为开式和闭式。如图 7-6(a)所示为开式回路，泵从油箱吸油，执行元件的油液返回油箱，油液在油箱中便于沉淀杂质、析出空气，并得到良好的冷却，但油箱尺寸较大，污物容易侵入。如图 7-6(b)所示为闭环回路，液压泵的吸油口与执行元件的回油口直接连接，油液在系统内封闭循环，其结构紧凑、油气隔绝、运动平稳、噪声小，但散热条件较差。闭式回路中需设置补油装置，由辅助泵及与其配套的溢流阀和油箱组成，绝大部分容积调速回路的油液循环采用闭式循环方式。

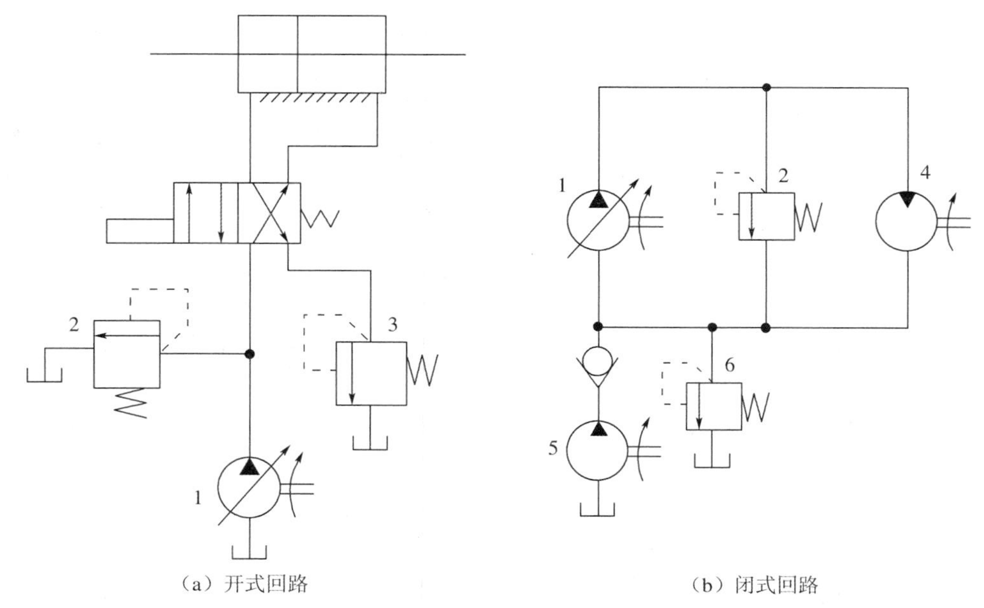

(a) 开式回路　　　　(b) 闭式回路

图 7-6 变量泵和定量执行元件容积调速回路

1—变量泵;2,3,6—溢流阀;4—定量液压马达;5—辅助泵

根据液压泵和执行元件组合方式不同,容积调速回路有以下三种形式:

(1)变量泵和定量执行元件组合

图 7-6(a)所示为变量泵 1 和液压缸组成的容积调速回路,如图 7-6(b)所示为变量泵 1 和定量液压马达 4 组成的容积调速回路。这两种回路均采用改变变量泵 1 的输出流量的方法来调速。工作时,溢流阀 2 作安全阀用,它可以限定液压泵的最高工作压力,起过载保护作用;溢流阀 3 作背压阀用;溢流阀 6 用于调定辅助泵 5 的供油压力,补充系统泄漏油液。

(2)定量泵和变量液压马达组合

在如图 7-7 所示的回路中,定量泵 1 的输出流量不变,调节变量液压马达 3 的流量,便可改变其转速,溢流阀 2 可作安全阀用。

(3)变量泵和变量液压马达组合

在如图 7-8 所示的回路中,变量泵 1 正、反向供油,双向变量液压马达 3 正、反向旋转,调速时液压泵和液压马达的排量分阶段调节。在低速阶段,液压马达排量保持最大,通过改变液压泵的排量来调速;在高速阶段,液压泵排量保持最大,通过改变液压马达的排量来调速。这样就扩大了调速范围。单向阀 6、7 用于使辅助泵 4 双向补油,单向阀 8 使作安全阀用的溢流阀 2 在两个方向都能起过载保护作用,溢流阀 5 用于调节辅助泵的供油压力。

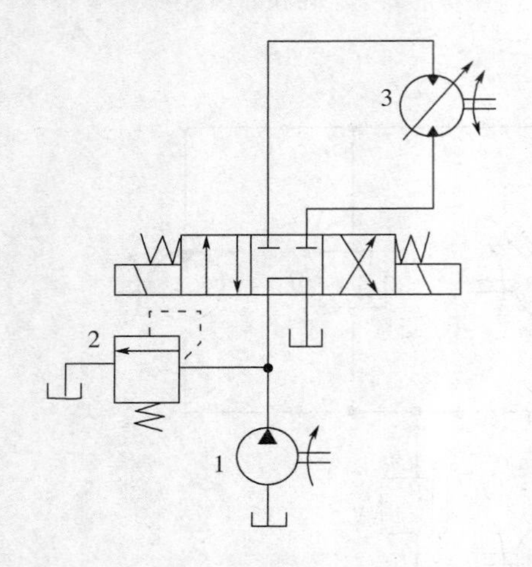

图 7-7 定量泵和变量液压马达调速回路

1—定量泵；2—溢流阀；3—变量液压马达

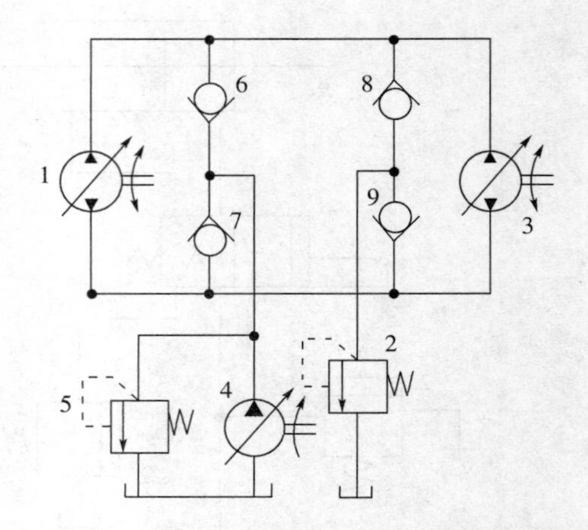

图 7-8 变量泵和变量液压马达调速回路

1—变量泵；2,5—溢流阀；3—双向变量液压马达；4—辅助泵；6,7,8,9—单向阀

3. 容积节流调速回路

用变量液压泵和节流阀(或调速阀)相配合进行调速的方法称为容积节流调速。如图 7-9 所示为由限压式变量叶片泵和调速阀组成的容积节流调速回路。调节调速阀节流口的开口大小，就能改变进入液压缸的流量，从而改变液压缸活塞的运动速度。如果变量液压泵的流量大于调速阀调定的流量，由于系统中没有设置溢流阀，多余的油液没有排油通路，势必使液压泵和调速阀之间油路的油液压力升高，但是当限压式变量叶片泵的工作压力增大到预先调定的数值后，泵的流量会随工作压力的升高而自动减小。

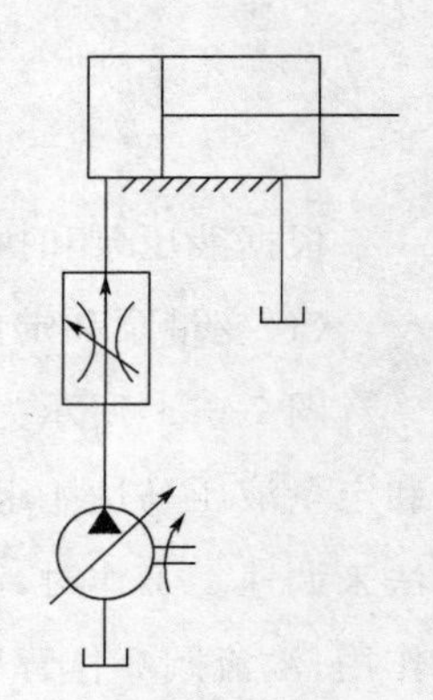

图 7-9 容积节流调速回路

在这种回路中，泵的输出流量与通过调速阀的流量是相适应的，因此效率高，发热量小。同时，采用调速阀，液压缸的运动速度基本不受负载变化的影响，即使在较低的运动速度下工作，运动也较稳定。

二、快速运动回路

快速运动回路的功用在于使执行元件获得尽可能大的工作速度，以提高生产率并使功率得到合理的利用。

1. 液压缸差动连接的快速运动回路

如图 7-10 所示，换向阀 2 处于原位时，液压泵 1 输出的液压油同时与液压缸 3 的左、右两腔相通，两腔压力相等。由于液压缸无杆腔的有效面积 A_1 大于有杆腔的有效面积 A_2，使活塞受到的向右作用力大于向左的作用力，导致活塞向右运动。于是无杆腔排出的油液与液压泵 1 输出的油液合流进入无杆腔，亦即相当于在不增加液压泵的流量的前提下增加了供给无杆腔的油液量，使活塞快速向右运动。

这种回路比较简单、经济，但液压缸的速度加快有限，差动连接与非差动连接的速度之比为 $\frac{v_1}{v_2}=\frac{A_1}{A_1-A_2}$，有时仍不能满足快速运动的要求，常常要求和其他方法(如限压式变量泵)联合使用。值得注意的是：在差动回路中，液压泵的流量和液压缸有杆腔排出的流量合在一起流过的阀和管路应按合流流量来选择其规格，否则会产生较大的压力损失，增加功率消耗。

2. 双泵供油的快速运动回路

如图 7-11 所示，由低压大流量泵 1 和高压小流量泵 2 组成的双联泵作为动力源。顺序阀 3 和溢流阀 5 分别设定双泵供油和高压小流量泵 2 单独供油时系统的最高工作压力。当换向阀 6 处于图示位置，并且由于外负载很小，使系统压力低于顺序阀 3 的调定压力时，两个泵同时向系统供油，活塞快速向右运动；当换向阀 6 的电磁铁通电时，右位工作，液压缸有杆腔液压油经节流阀 7 回油箱，当系统压力达到或超过顺序阀 3 的调定压力时，低压大流量泵 1 通过顺序阀 3 卸荷，单向阀 4 自动关闭，只有高压小流量泵 2 单独向系统供油，活塞慢速向右运动，高压小流量泵 2 的最高工作压力由溢流阀 5 调定。这里应注意，顺序阀 3 的调定压力至少应比溢流阀 5 的调定压力低 10%～20%。低压大流量泵 1 的卸荷减少了动力消耗，回路效率较高。这种回路常用在执行元件快进和工进速度相差较大的场合，特别是在机床中得到了广泛的应用。

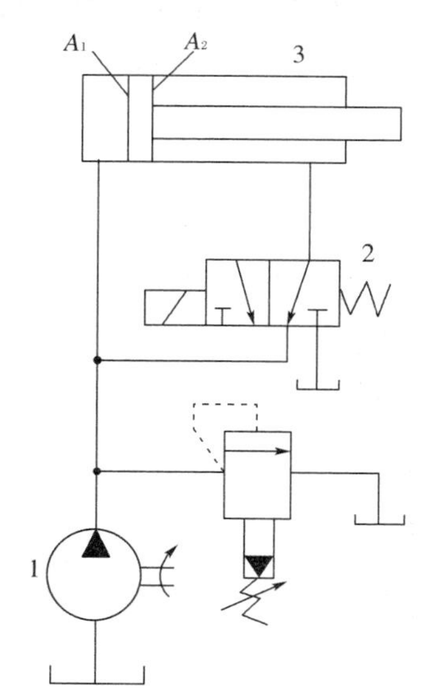

图 7-10　液压缸差动连接的快速运动回路

1—液压泵；2—换向阀；3—液压缸

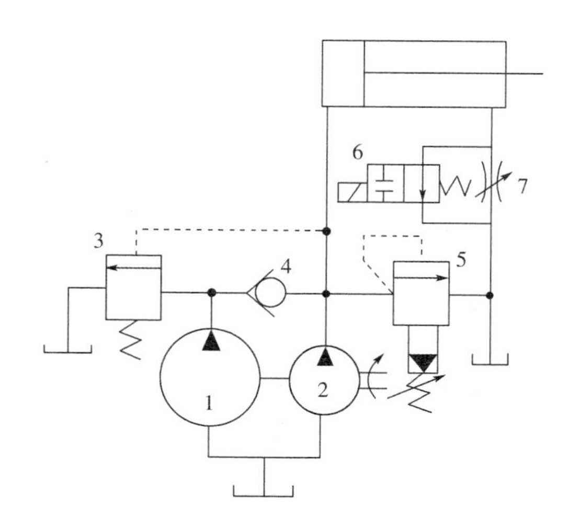

图 7-11　双泵供油的快速运动回路

1—低压大流量泵；2—高压小流量泵；3—顺序阀；4—单向阀；5—溢流阀；6—换向阀；7—节流阀

任务3 压力控制回路

压力控制回路是指对系统整体或系统某一部分的压力进行控制的回路。这类回路包括调压、减压、平衡、卸荷等多种回路。

一、调压回路

为使系统的压力与负载相适应并保持稳定，或为了安全而限定系统的最高压力，都要用到调压回路，下面介绍三种调压回路。

1. 单级调压回路

如图 7-12 所示为单级调压回路，调节节流阀的开口大小，即可调节进入执行元件的流量，泵输出的多余流量经溢流阀溢回油箱。在工作过程中溢流阀是常开的，液压泵的工作压力决定于溢流阀的调整压力，并且保持基本恒定。溢流阀的调整压力必须大于液压缸最大工作压力和油路各种压力损失的总和。

2. 双向调压回路

当执行元件的正、反行程需不同的供油压力时，可采用双向调压回路，如图 7-13 所示。当换向阀在左位工作时，活塞为工作行程，泵出口由溢流阀 1 调定为较高压力，缸右腔油液通过换向阀回油箱，溢流阀 2 此时不起作用。当换向阀如图示在右位工作时，缸作空行程返回。泵出口由溢流阀 2 调定为较低压力，溢流阀 1 不起作用。缸退至终点后，泵在低压下回油，功率损耗小。

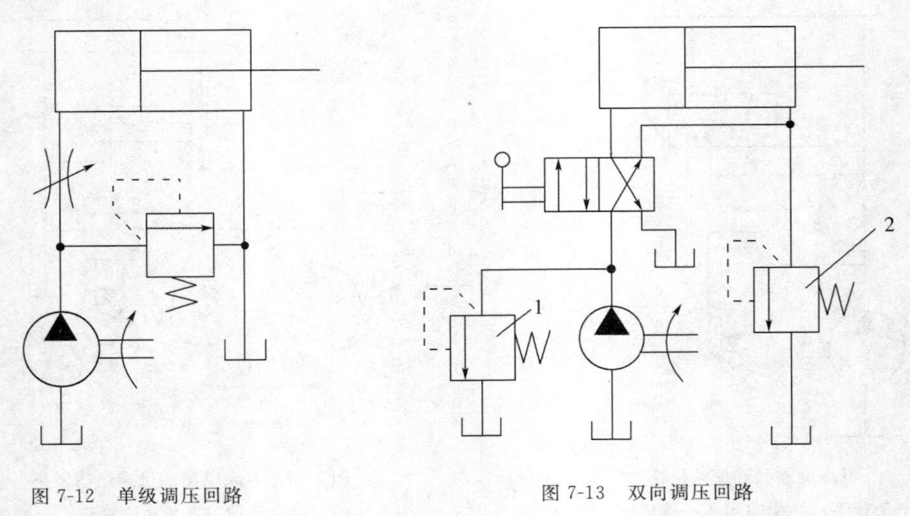

图 7-12 单级调压回路

图 7-13 双向调压回路

1,2—溢流阀

3. 多级调压回路

有些液压设备的液压系统需要在不同的工作阶段获得不同的压力，此时需要采用多级调压回路。

如图 7-14(a)所示为二级调压回路。在图示状态,泵出口压力由溢流阀 1 调定为较高压力;二位二通换向阀通电后,则由远程调压阀 2 调定为较低压力。远程调压阀 2 的调定压力必须小于溢流阀 1 的调定压力。

如图 7-14(b)所示为三级调压回路。图示状态下,泵出口压力由换向阀 6 调定为最高压力(若换向阀 5 采用 H 型中位机能的电动换向阀,则此时泵卸荷,即最低压力);当换向阀 5 的左、右电磁铁分别通电时,泵压由远程调压阀 3 和 4 调定。远程调压阀 3 和 4 的调定压力必须小于换向阀 6 的调定压力。

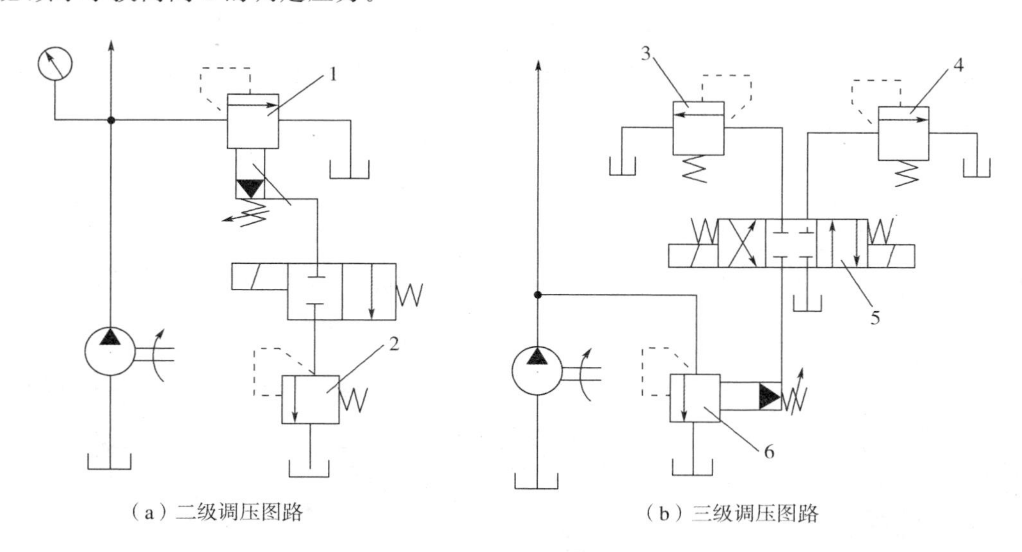

(a) 二级调压图路　　(b) 三级调压图路

图 7-14　多级调压回路

1—溢流阀;2,3,4—远程调压阀;5,6—换向阀

二、减压回路

1. 单向减压回路

如图 7-15 所示为用于夹紧系统的单向减压回路。单向减压阀 4 安装在液压缸 5 与换向阀 3 之间,当 1YA 通电时,三位四通电动换向阀左位工作,液压泵输出液压油通过单向阀 2、换向阀 3,经单向减压阀 4 减压后输入液压缸左腔,推动活塞向右运动,夹紧工件,右腔的油液经换向阀 3 流回油箱;当工件加工完了,2YA 通电,换向阀 3 右位工作,液压缸 5 左腔的油液经单向减压阀 4 的单向阀、换向阀 3 流回油箱,回程时减压阀不起作用。单向阀 2 在回路中的作用是,当主油路压力低于减压回路的压力时,利用锥阀关闭的严密性,保证减压油路的压力不变,使夹紧缸保持夹紧力不变。还应指出,单压减压阀 4 的调整压力应低于溢流阀 1 的调整压力,才能保证减压阀正常工作(起减压作用)。

2. 二级减压回路

如图 7-16 所示为由减压阀和远程调压阀组成的二级减压回路。在图示状态，夹紧压力由减压阀 1 调定；当二通阀通电后，夹紧压力则由远程调压阀 2 决定，故此回路为二级减压回路。若系统只需一级减压，可取消二通阀与远程调压阀 2，堵塞减压阀 1 的外控口。若取消二通阀，远程调压阀 2 用直动型比例溢流阀取代，根据输入信号的变化，便可获得无级或多级的稳定低压。为使减压回路可靠地工作，其最高调整压力应比系统压力低一定的数值，如中高压系统减压阀约低 1 MPa（中低压系统约低 0.5 MPa），否则减压阀不能正常工作。当减压支路的执行元件速度需要调节时，节流元件应装在减压阀的出口，因为减压阀起作用时，有少量泄油从先导阀流回油箱，节流元件装在出口，可避免泄油对节流元件调定的流量产生影响。减压阀出口压力若比系统压力低得多，会增加功率损失和系统升温，必要时可用高、低压双泵分别供油。

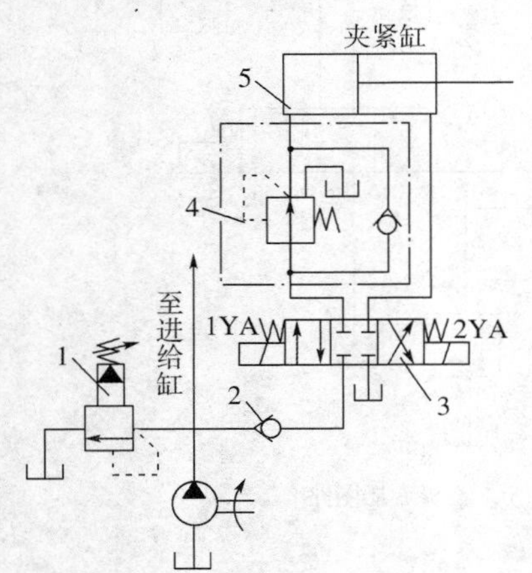

图 7-15 单向减压回路

1—溢流阀；2—单向阀；3—换向阀；4—单向减压阀；5—液压缸

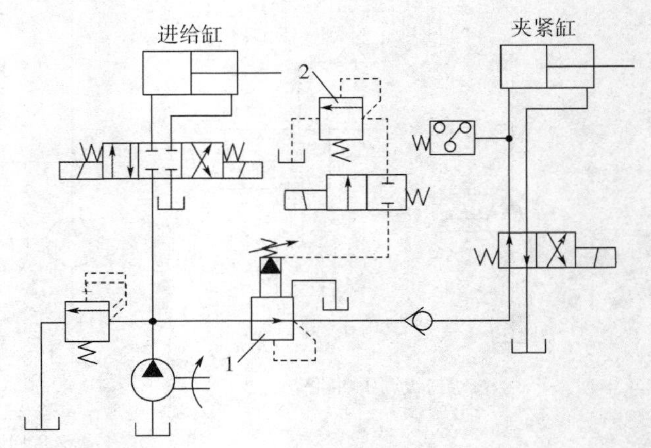

图 7-16 二级减压回路

1—减压阀；2—远程调压阀

三、平衡回路

为了防止立式液压缸与垂直运动的工作部件由于自重而自行下落造成事故或冲击，可以在立式液压缸下行时的回路上设置适当的阻力，产生一定的背压，以阻止其下降或使其平稳地下降，这种回路即平衡回路。

1. 单向顺序阀的平衡回路

如图 7-17 所示为单向顺序阀的平衡回路。调节单向顺序阀 1 的开启压力，使其稍大于立式液压缸下腔的背压。活塞下行时，由于回路上存在一定背压支承重力负载，活塞将平稳下落；换向阀处于中位时，活塞停止运动。此处的单向顺序阀又称为平衡阀。这种平衡回路由于回路上有背压，功率损失较大。另外，由于顺序阀和滑阀存在内泄，活塞不可能长时间停在任意位置，故这种回路适用于工作负载固定且活塞闭锁要求不高的场合。

2. 液控单向阀的平衡回路

如图 7-18 所示为液控单向阀的平衡回路。由于液控单向阀是锥面密封，泄漏量小，故其闭锁性能好。回油路上的单向节流阀 2 用于保证活塞向下运动的平稳性。假如回油路上没有节流阀，活塞下行时，液控单向阀 1 将被控制油路打开，回油腔无背压，活塞会加速下降，使液压缸上腔供油不足，液控单向阀会因控制油路失压而关闭。但关闭后控制油路又建立起压力，又将单向节流阀 2 打开，致使液控单向阀时开时闭，活塞下行时很不平稳，产生振动或冲击。

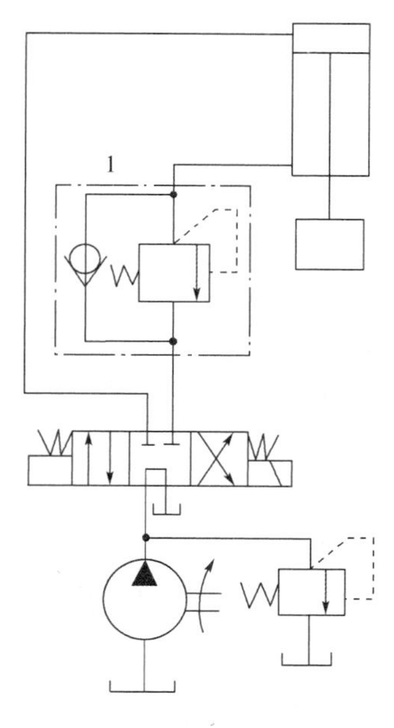

图 7-17　单向顺序阀的平衡回路

1—单向顺序阀

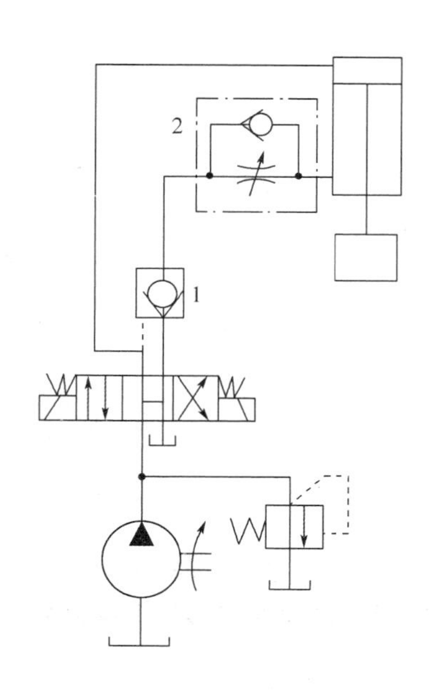

图 7-18　液控单向阀的平衡回路

1—液控单向阀；2—单向节流阀

四、卸荷回路

当系统中执行元件短时间工作时，常使液压泵在很小的功率下作空运转，而不是频繁启动驱动液压泵的原动机。因为泵的输出功率为其输出压力与输出流量之积，当其中的一项数值等于或接近于零时，即液压泵卸荷。这样可以减少液压泵磨损，降低功率消耗，减小温升。卸荷的方式有两类：一类是液压缸卸荷，执行元件不需要保持压力；另一类是液压泵卸荷，但执行元件仍需保持压力。

1. 执行元件不需要保压的卸荷回路

(1)换向阀中位机能的卸荷回路

如图 7-19 所示为采用 M 型(或 H 型)中位机能换向阀实现液压泵卸荷的回路。当换向阀处于中位时，液压泵出口直通油箱，泵卸荷。因回路需保持一定的控制压力以操纵执行元件，故在泵出口安装单向阀。

(2)电磁溢流阀的卸荷回路

如图 7-20 所示为电磁溢流阀的卸荷回路。电磁溢流阀是带遥控口的先导型溢流阀与二位二通电动换向阀的组合。当工作部件停止运动时，二位二通电动换向阀通电，溢流阀阀芯上部弹簧腔的油经二位二通电动换向阀回油箱，因此电动换向阀全开，油泵输出的油经溢流阀流回油箱，实现泵卸荷。

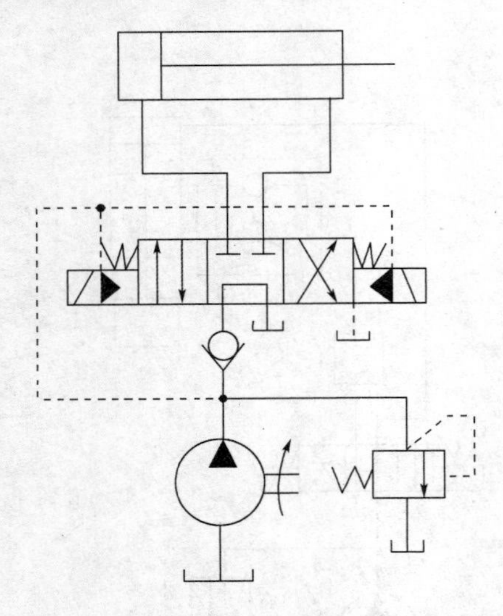
图 7-19　中位机能的卸荷回路

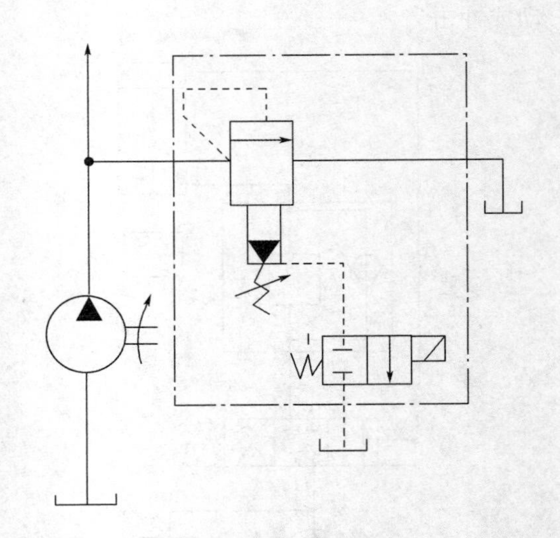
图 7-20　电磁溢流阀的卸荷回路

2. 执行元件需要保压的卸荷回路

(1)限压式变量泵的卸荷回路

如图 7-21 所示为限压式变量泵的卸荷回路。当系统压力升高达到变量泵压力调节螺钉调定压力时，压力补偿装置动作，液压泵 2 输出流量随供油压力升高而减小，直到维持系统压力所必需的流量，回路实现保压卸荷，系统中的溢流阀 1 作安全阀用，以防止泵的压力补偿装置的失效而导致压力异常。

(2)卸荷阀的卸荷回路

如图 7-22 所示为用蓄能器保持系统压力而用卸荷阀使泵卸荷的回路。当电磁铁 1YA 得电时，泵和蓄能器同时向液压缸左腔供油，推动活塞右移，接触工件后，系统压力升高。当系统压力升高到卸荷阀 1 的调定值时，卸荷阀打开，液压泵通过卸荷阀卸荷，而系统压力用蓄能器保持。若蓄能器压力降低到允许的最小值时，卸荷阀关闭，液压泵重新向蓄能器和液压缸供油，以保证液压缸左腔的压力在允许的范围内。图中的溢流阀 2 作安全阀用。

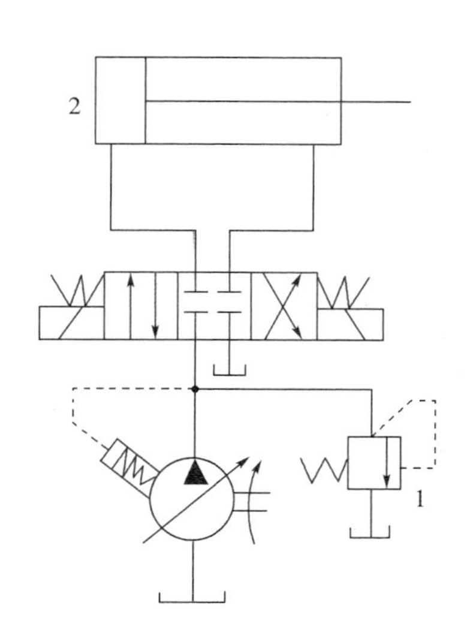

图 7-21　限压式变量泵的卸荷回路

1—溢流阀；2—液压泵

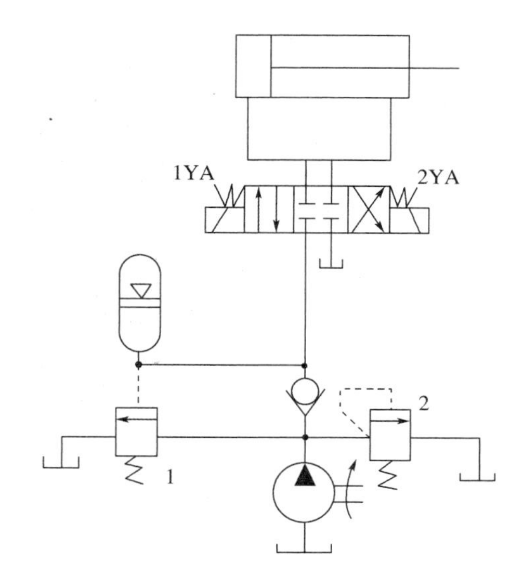

图 7-22　卸荷阀的卸荷回路

1—卸荷阀；2—溢流阀

任务 4　多缸动作控制回路

在液压系统中，一个油源往往驱动多个液压缸。按照系统的要求，这些缸或顺序动作，或同步动作，多缸之间要求能避免在压力和流量上的相互干扰。

一、顺序动作回路

当用一个液压泵向几个执行元件供油时，如果这些元件需要按一定顺序依次动作，就应该采用顺序回路，如转位机构的转位和定位、夹紧机构的定位和夹紧等。

如图 7-23 所示为采用行程开关和电动换向阀配合的顺序动作回路。操作时首先按动启动按钮，使电磁铁 1YA 得电，液压油进入液压缸 1 的左腔，使活塞按箭头①所示方向向右运动。当活塞杆上的挡块压下行程开关 6S 后，通过电气上的连锁使 1YA 断电，3YA 得电。液压缸 1 的活塞停止运动，液压油进入液压缸 2 的左腔，使其按箭头②所示的方向向右运动。当活塞杆上的挡块压下行程开关 8S 时，使 3YA 断电，2YA 得电，液压油进入液压缸 1 的右腔，使其活塞按箭头③所示的方向向左运动。当活塞杆上的挡块压下行程开关 5S 时，使 2YA 断电，4YA 得电，液压油进入液压缸 2 右腔，使其活塞按箭头④的方向返回。当挡块压下行程开关 7S 时，4YA 断电，活塞停止运动，至此完成一个工作循环。

这种顺序动作回路的优点是：调整行程比较方便，改变电气控制线路就可以改变油缸的动作顺序，利用电气互锁，可以保证顺序动作的可靠性。

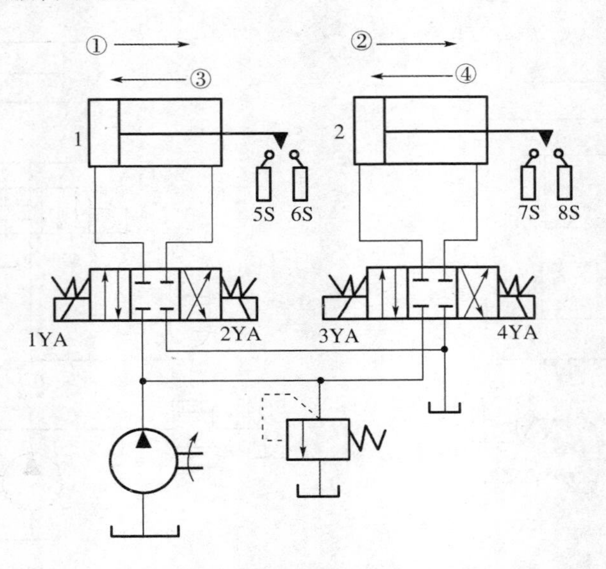

图 7-23　采用行程开关和电动换向阀配合的顺序回路

1,2—液压缸

二、同步回路

在多缸工作的液压系统中，常常会遇到要求两个或两个以上的执行元件同时动作的情况，并要求它们在运动过程中克服负载、摩擦阻力、泄漏、制造精度和结构变形上的差异，维持相同的速度或相同的位移，即作同步运动。

如图 7-24 所示为带有补偿装置的两个液压缸串联的同步回路。当两缸同时下行时，若液压缸 3 活塞先到达行程端点，则挡块压下行程开关 1S，电磁铁 3YA 得电，换向阀 1 左位投入工作，液压油经换向阀 1 和液控单向阀 2 进入液压缸 4 上腔，进行补油，使其活塞继续下行到达行程端点。

如果液压缸 4 活塞先到达端点，行程开关 2S 使电磁铁 4YA 得电，换向阀 1 右位投入工作，液压油进入液控单向阀控制腔，打开液控单向阀 2，液压缸 3 下腔与油箱接通，使其活塞继续下行达到行程端点，从而消除累积误差。这种回路允许较大偏载，偏载所造成的压差不影响流量的改变，只会导致微小的压缩和泄漏，因此同步精度较高，

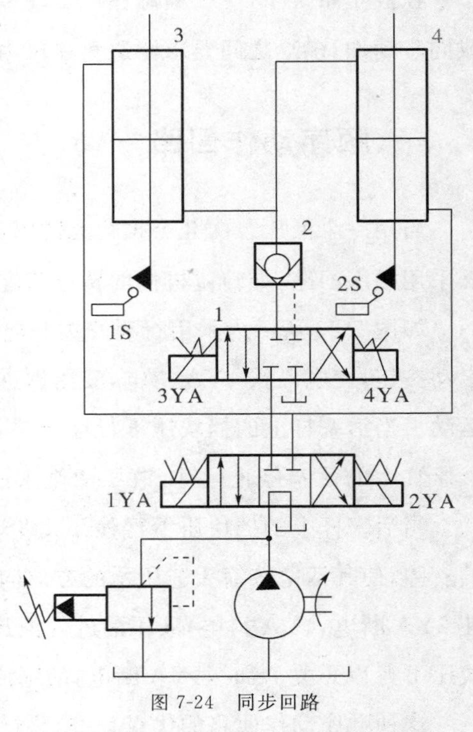

图 7-24　同步回路

1—换向阀；2—液控单向阀；3,4—液压缸

回路效率也较高。应注意的是这种回路中泵的供油压力至少是两个液压缸工作压力之和。

思考题与习题

(1)在液压系统中,差动连接时差动缸的活塞推力和运动速度与非差动连接相比有什么不同？在什么情况下采用差动连接比较合适？

(2)简述进油路节流调速回路与回油路节流调速回路的不同之处。

(3)压力阀和溢流阀是否都可用做安全阀来使用？

(4)液压系统中,“使油泵卸荷”是什么意思？哪些方法能使油泵卸荷？

附录 常用液压与气动元件图形符号

附表1 基本符号、管路及连接

名称	符号	名称	符号
工作管路		管端连接于油箱底部	
控制管路		密闭式油箱	
连接管路		直接排气	
交叉管路		带连接措施的排气口	
柔性管路		带单向阀的快换接头	
组合元件线		不带单向阀的快换接头	
管口在液面以上的油箱		单通路旋转接头	
管口在液面以下的油箱		三通路旋转接头	

附表 2　控制机构和控制方法

名　称	符　号	名　称	符　号
按钮式人力控制	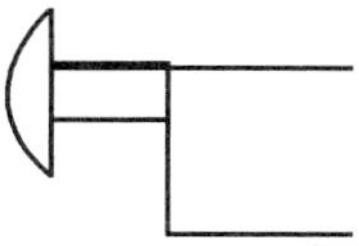	双作用电磁铁	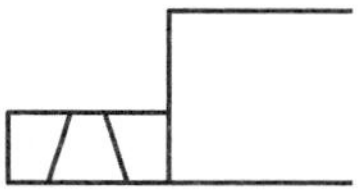
手柄式人力控制	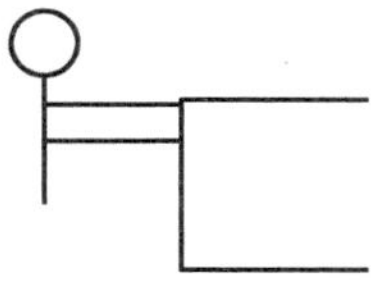	比例电磁铁	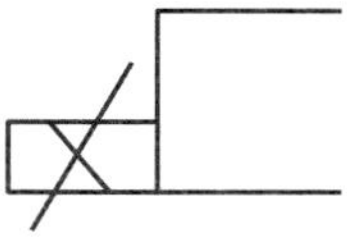
踏板式人力控制	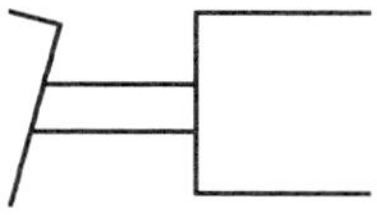	加压或泄压控制	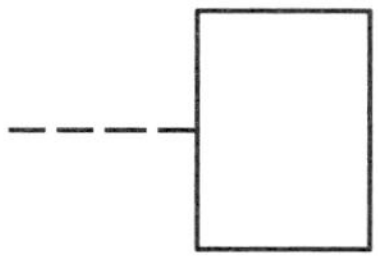
顶杆式机械控制	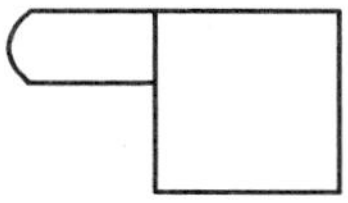	内部压力控制	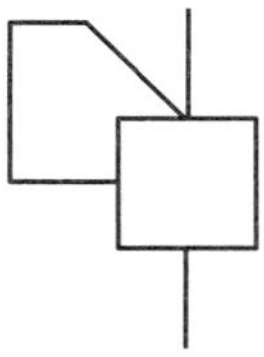
弹簧控制	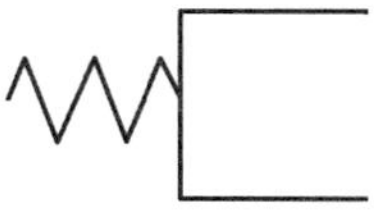	外部压力控制	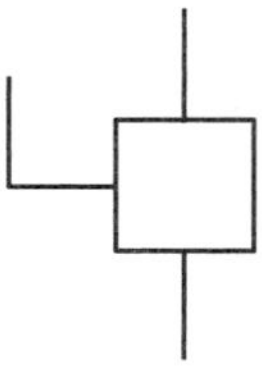
滚轮式机械控制	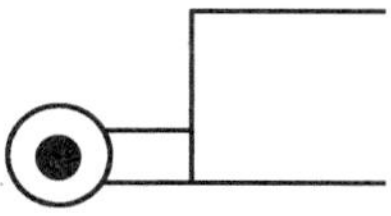	液压先导控制	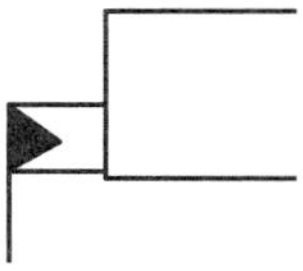
单作用电磁铁	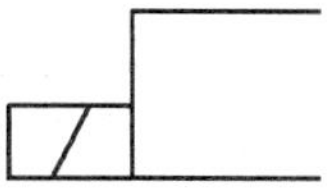	电-液先导控制	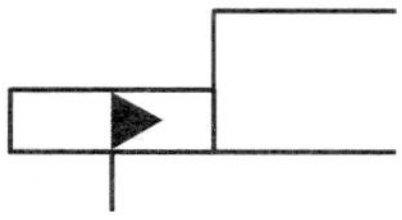
气压先导控制	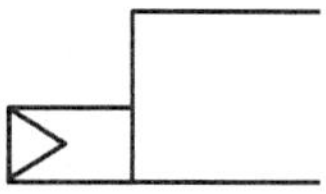	电磁-气压先导控制	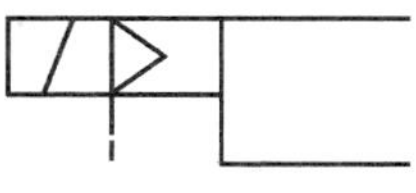

附表 3　泵、马达和缸

名　称	符　号	名　称	符　号
单向定量液压泵	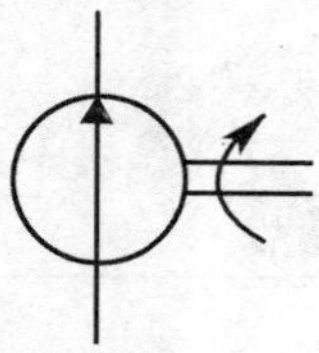	单向主为量液压泵	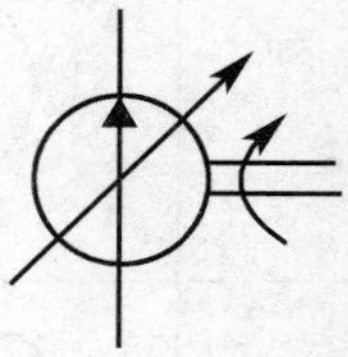
双向定量马达	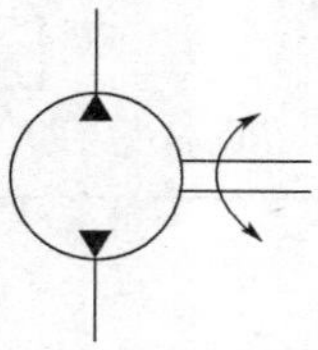	摆动马达	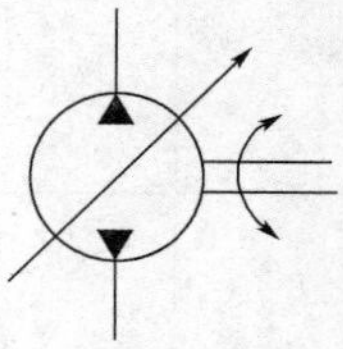
双向定量马达	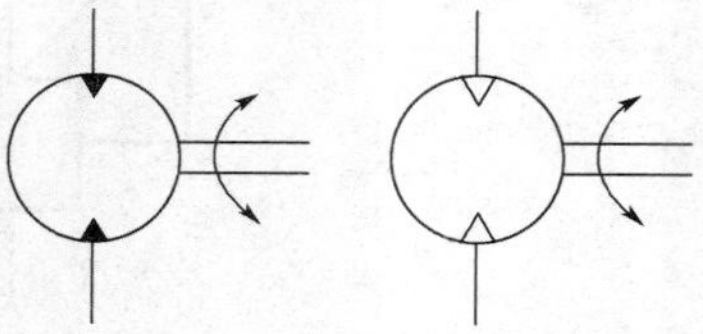	单作用弹簧复位缸	详细符号　简化符号 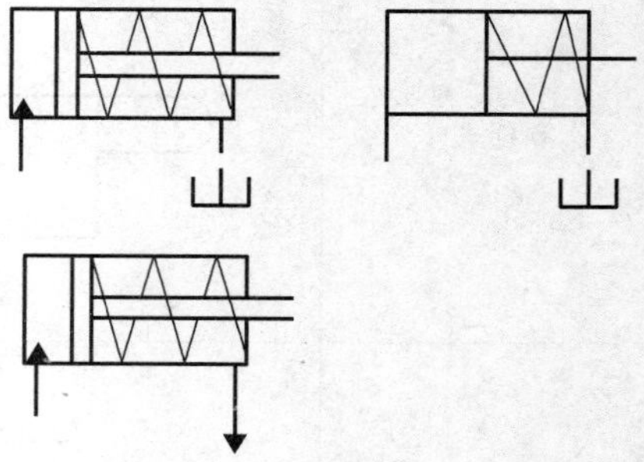
单向变量马达	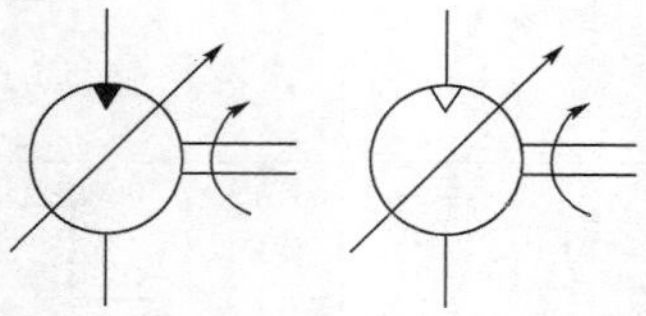	单作用伸缩缸	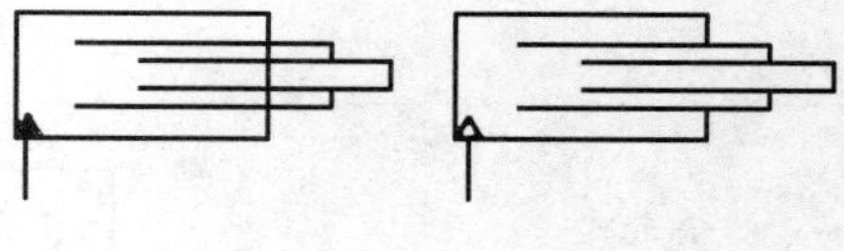
双向变量马达	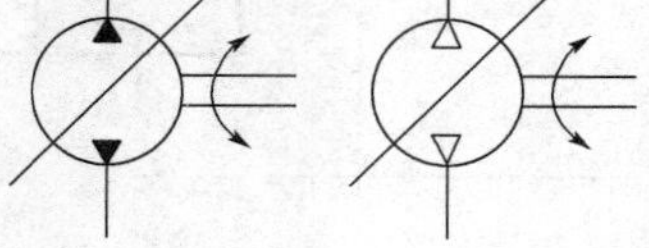	双作用单活塞杆缸	详细符号　简化符号 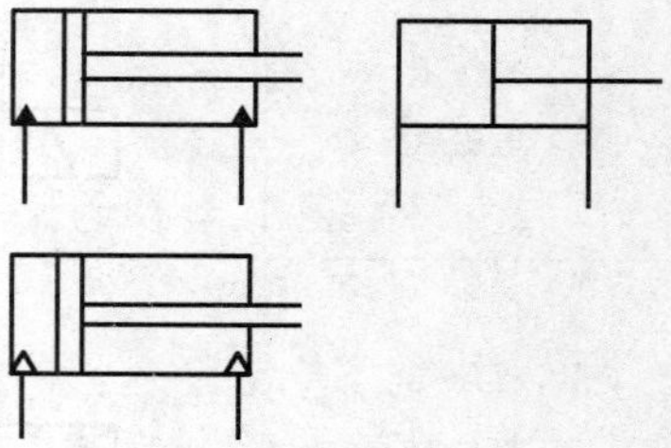

续表

名　称	符　号	名　称	符　号
定量液压泵马达	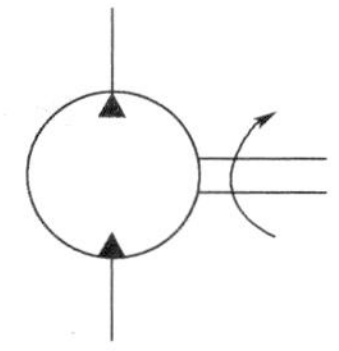	双作用双活塞杆缸	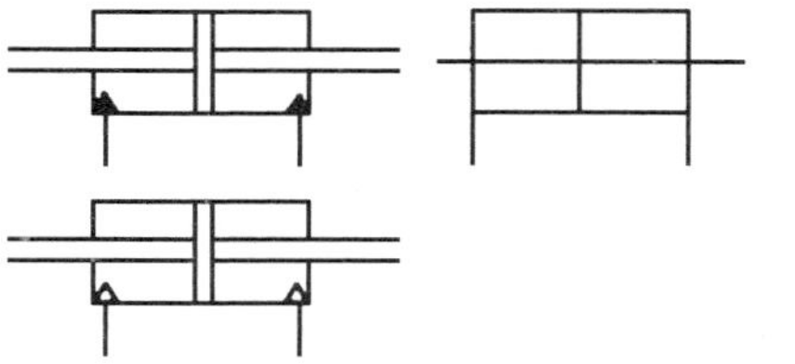
变量液压泵马达	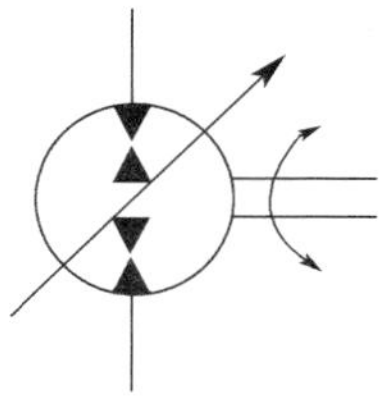		
液压源		双向缓冲缸	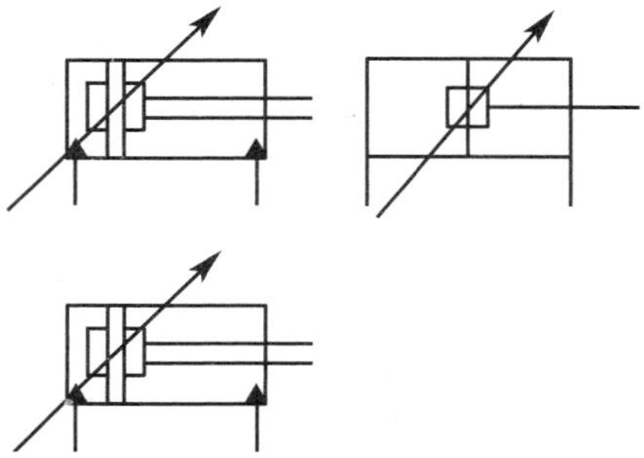
压力补偿变量泵	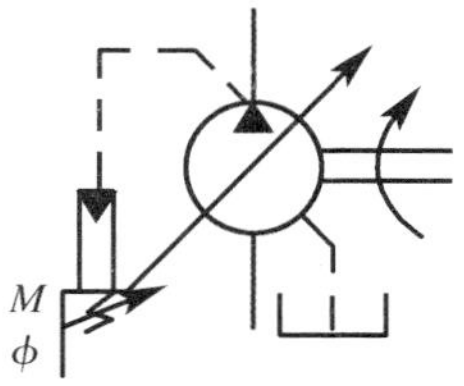 M φ		
单向缓产中缸	详细符号 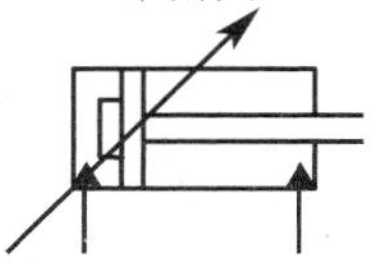 简化符号 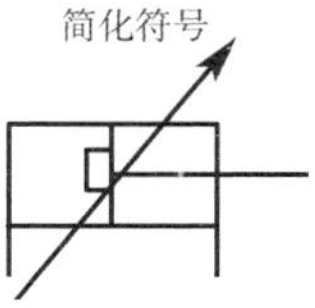	双作用伸缩缸	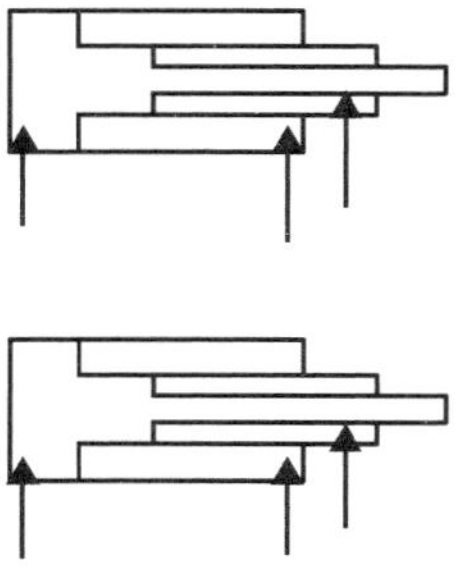

附表 4　达式控制元件

名　称	符　号	名　称	符　号
直动型溢流阀	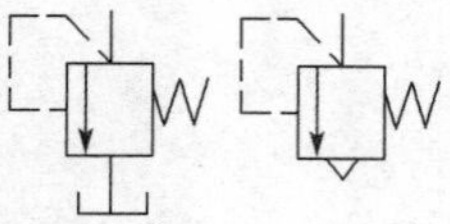	先导型减压阀	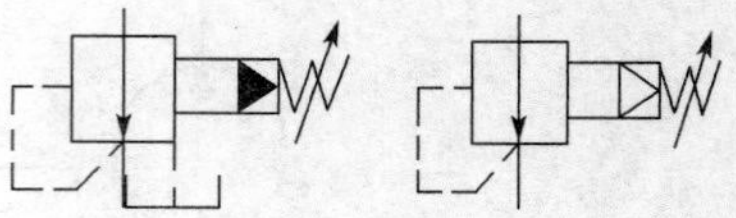
先导型溢流阀	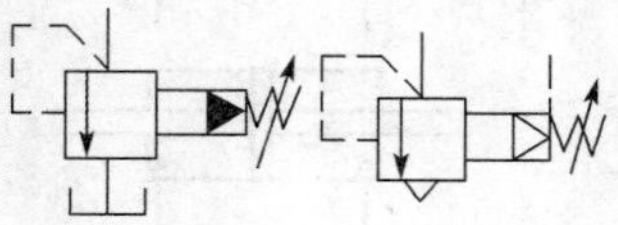	直动型顺序阀	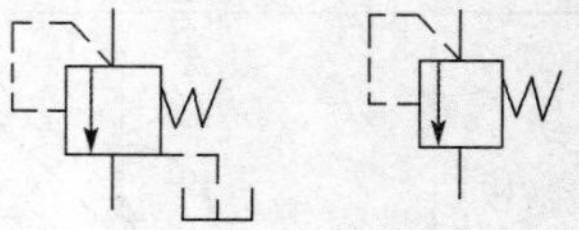
先导型比例电磁溢流阀	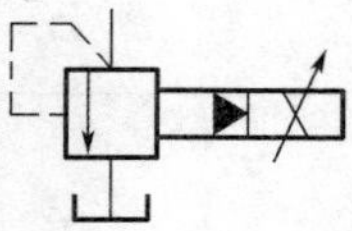	先导型顺序阀	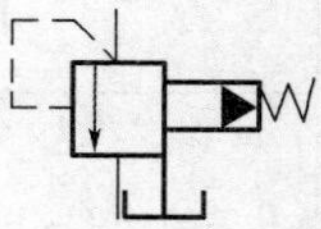
直动型液压阀	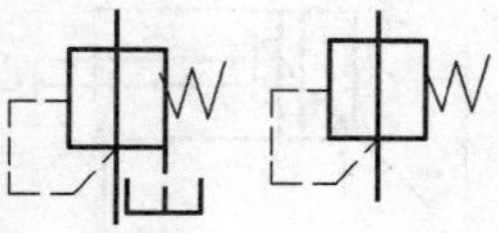	卸荷阀	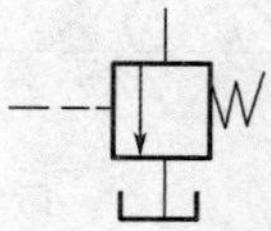
双向溢流阀	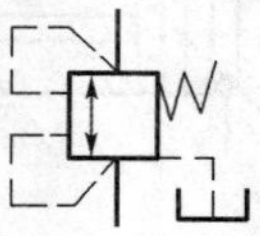	溢流减压阀	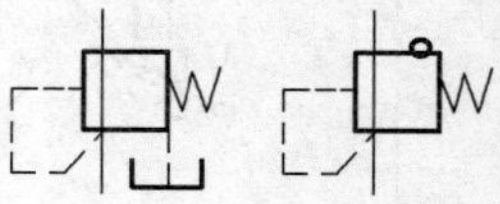
不可调节流阀	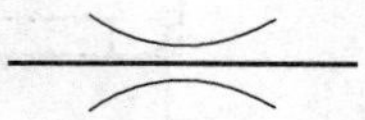	旁通式调速阀	详细符号 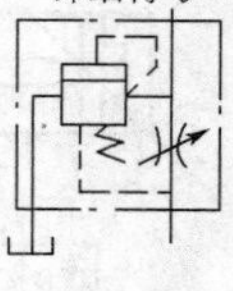　简化符号 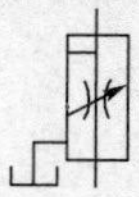
可调节流阀	详细符号 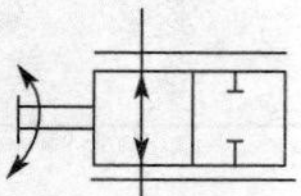　简化符号 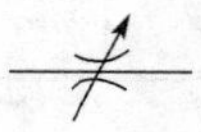	单向阀	详细符号 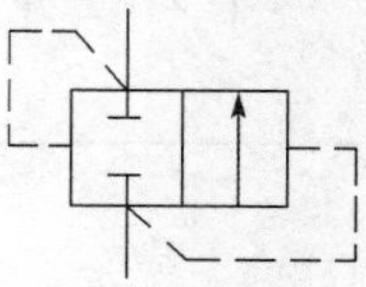　简化符号 

续表

名　称	符　号	名　称	符　号
调速阀	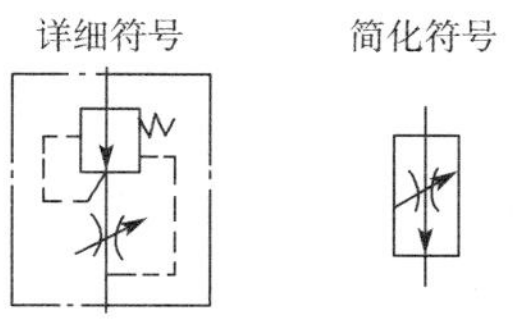 详细符号　简化符号	液控单向阀	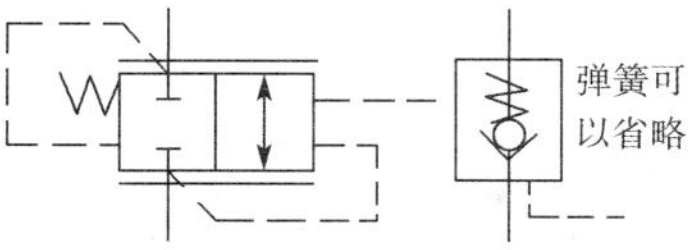 弹簧可以省略
温度补偿调速阀	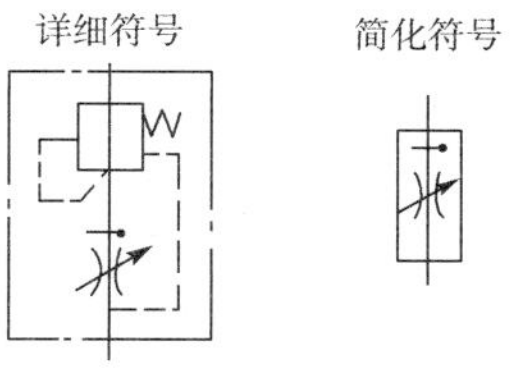 详细符号　简化符号	液压锁	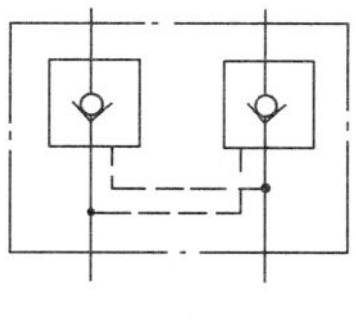
带消声器的节流阀	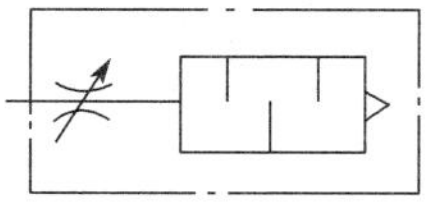	快速排气阀	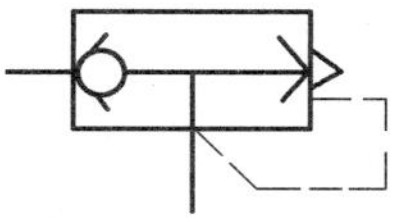
二位二通换向阀	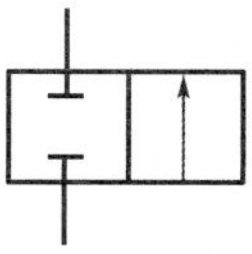 （常闭）	二位五通换向阀	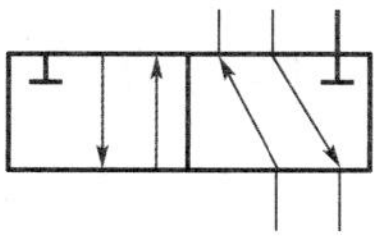
二位三通换向阀	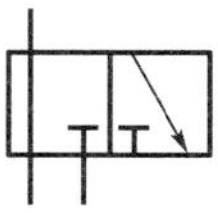	三位四通换向阀	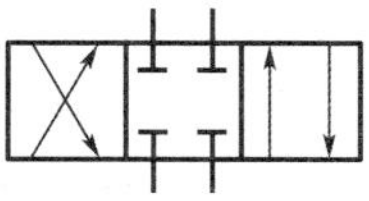
二位四通换向阀	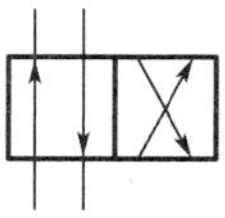	三位五通换向阀	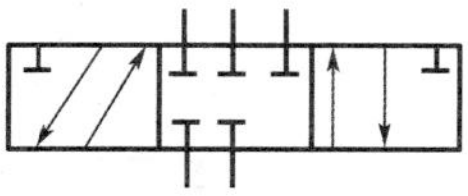

附表 5 辅助元件

名　称	符　号	名　称	符　号
过滤器	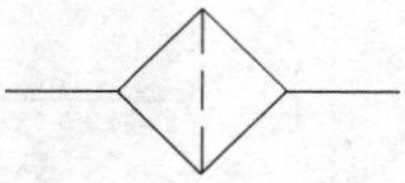	蓄能器（一般符号）	
磁芯过滤器	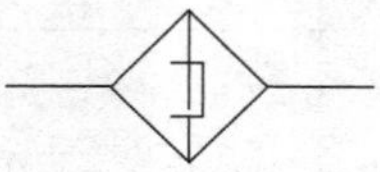	蓄能器（气体隔离式）	
污染指示过滤器	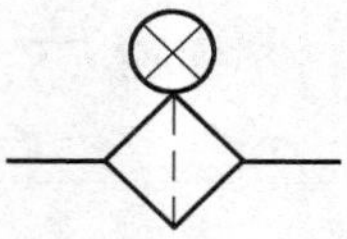	压力计	
冷却器	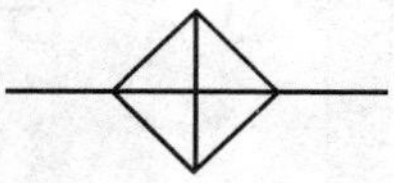	液面计	
加热器	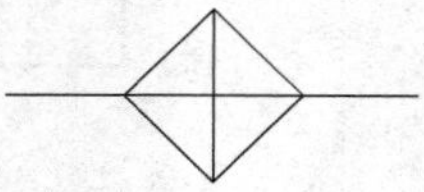	温度计	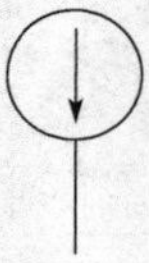
流量计	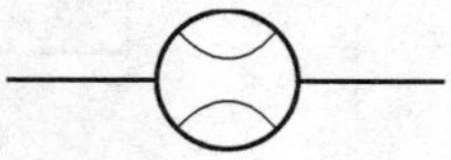	马达	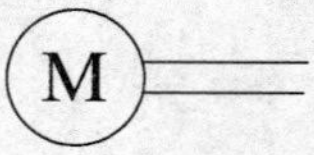 M
压力继电器	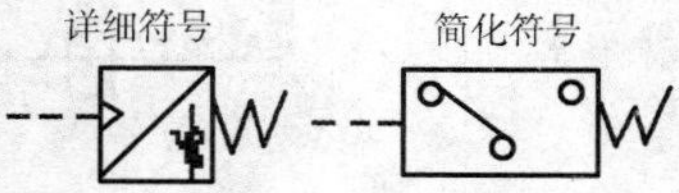 详细符号　简化符号	原动机	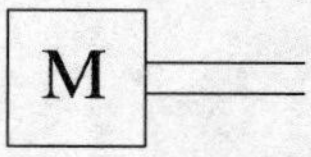 M
压力指示器		行程开关	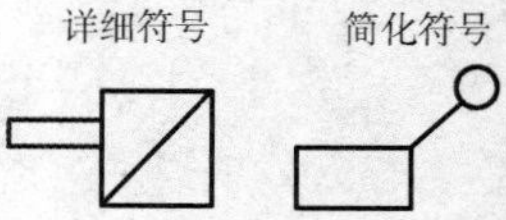 详细符号　简化符号

续表

名　称	符　号	名　称	符　号
分水排水器	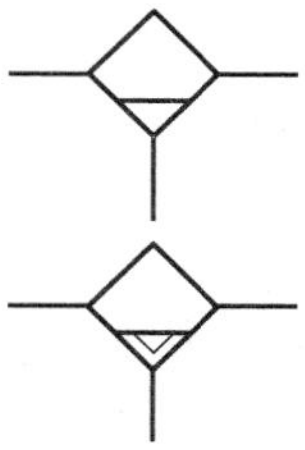	空气干燥器	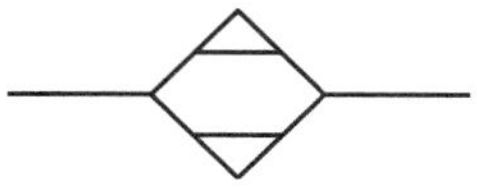
		油雾器	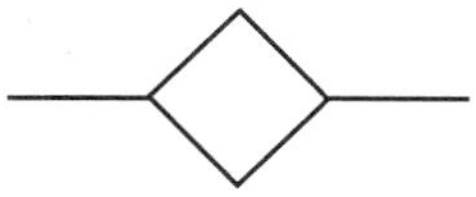
空气过滤器	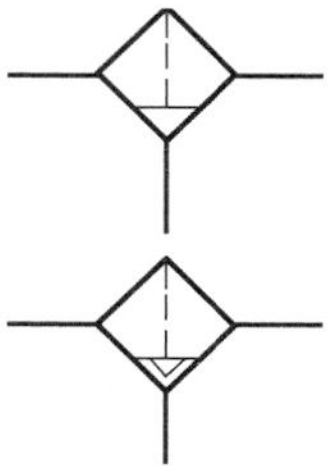	气源调节装置	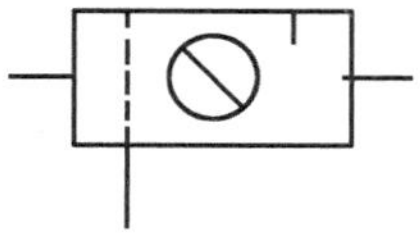
		消声器	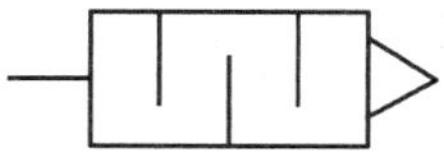
除油器		气-液 转换器 气压源	

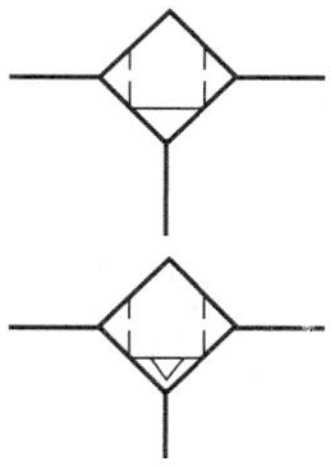

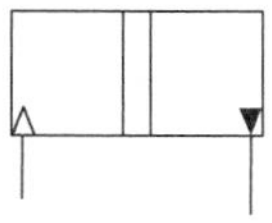

参考文献

[1]王益民,刘振宇.液压与气压传动[M].沈阳:东北师范大学出版社,2012.

[2]陈桂芳.液压与气压传动[M].北京:北京理工大学出版社,2008.

[3]左健民.液压与气压传动[M].3版.北京:机械工业出版社,2005.

[4]张利平.液压与气动技术[M].北京:中国建筑工业出版社,2007.

[5]陈尧明.液压与气压传动学习指导与习题集[M].北京:机械工业出版社,2005.